Die australischen Plattschweifsittiche

Prof. Dr. Klaus Immelmann und Dieter Vogels

Mit 44 Abbildungen und 2 Farbtafeln

Die Neue Brehm-Bücherei Bd. 334
Westarp Wissenschaften · Magdeburg · 1994

Die Deutsche Bibliothek – CIP-Einheitsaufnahme

Immelmann, Klaus:
Die australischen Plattschweifsittiche / Klaus Immelmann und Dieter Vogels. - 6., unveränd. Aufl. - Magdeburg : Westarp-Wiss., 1994
(Die neue Brehm-Bücherei ; Bd. 334)
ISBN 3–89432–354–X
NE: Vogels, Dieter:; GT

6. unveränd. Neuaufl. 1994

Wolf Graf von Westarp
Uhlichstraße 6, 39108 Magdeburg, Tel. + Fax 0391–35620

Gesamtherstellung: WB-Druck GmbH & Co., Rieden

Vorwort zur fünften Auflage[1]

Seit der Veröffentlichung der letzten (vierten) Auflage der „Plattschweifsittiche" sind mehr als elf Jahre vergangen. Es sei daher an dieser Stelle ein etwas ausführlicheres Vorwort gestattet. In der Zwischenzeit sind viele Veränderungen und Entwicklungen eingetreten, in bezug auf die Tier- und Vogelhaltung ganz allgemein und in bezug auf die Plattschweifsittiche im besonderen. So haben sich die Ein- und Ausfuhrbestimmungen, die Artenschutzgesetze und die Haltungsbestimmungen in vielen Ländern geändert. Vom Aussterben bedrohte Arten sind durch internationale Abkommen geschützt und dürfen nur unter ganz bestimmten Bedingungen gehandelt werden. Die Gesellschaft ist natur- und umweltbewußter geworden, eine Einstellung, die wir im Zusammenhang mit der zunehmenden Zerstörung der Natur und der Gefährdung von immer zahlreicheren Tierarten nur begrüßen können. Sie hat zur Folge, daß zum einen die Tierhaltung immer kritischer betrachtet wird – und dies sei auch nicht die Andeutung eines Bedauerns, sondern im Gegenteil eine Art naturgegebener Freude über neue Herausforderungen – und zum anderen die Halter und Züchter von Tieren, allen voran wohl die Vogelliebhaber, zunehmend bemüht sind, ihre Vögel artgerechter zu halten. Aus diesem Grunde ist es wohl auch berechtigt, nicht mehr von einer Haltung „in Gefangenschaft", sondern von einer Haltung „in Menschenobhut" bzw. „in Menschenhand" zu sprechen, wie es nunmehr auch für dieses Buch gehandhabt wird.

Im besonderen Bezug auf die Plattschweifsittiche haben sich in den zwischenliegenden Jahren u. a. die folgenden Änderungen ergeben, die in der Neuauflage Berücksichtigung finden:

Es gibt eine Vielzahl neuer Beobachtungen über die Lebensweise und das Verhalten mehrerer Arten aus dem Freiland. Sie wurden so weit wie möglich in den Text eingearbeitet und das Literaturverzeichnis wurde entsprechend ergänzt. (Trotzdem ist es erstaunlich, daß die Papageien als die zu den sozial am weitesten entwickelten Vogelgruppen gehörenden Arten im Vergleich etwa zu den höchstentwickelten Säugetieren, den Primaten, noch immer relativ wenig untersucht sind. Hier liegt auch für den Vogelliebhaber ein weites und verlockendes „Forschungsfeld" offen.)

Mehrere neue Arbeiten haben sich mit der Systematik der Papageienvögel beschäftigt. Ihre Ergebnisse führen zu neuen Schlußfolgerungen über die Verwandtschaftsbeziehungen zwischen den einzelnen Arten und Artengruppen, und diese Tatsache hat wiederum zu einer Neuanordnung der einzelnen Gattungen und Arten geführt. Die Reihenfolge der in diesem Band behandelten Arten wurde daher in Anpassung an die neuen Erkenntnisse entsprechend geändert.

Aufgrund der eingangs geschilderten Veränderung in der Gesamtsituation werden in der Regel keine „Wildfänge" von australischen Plattschweifsittichen mehr eingeführt. Im Gegenteil, verschiedene Artenschutz-Vereinigungen arbeiten darauf hin, Nachzucht vor allem von gefährdeten und bedrohten Arten zu erzielen und im Hin-

[1] Nach handschriftlichen Aufzeichnungen des Verfassers

blick auf eine spätere Wiederausbürgerung gezielt vorzubereiten. Die in den vorausgegangenen Auflagen häufig gegebenen Hinweise zur „Eingewöhnung" erübrigen sich daher in der Neuauflage.

Auch die folgenden technischen und inhaltlichen Neuerungen sollen noch erwähnt werden:

Der Abschnitt über den Wellensittich wurde erst in der zweiten Auflage aufgenommen. Er erschien zunächst überflüssig, da der im Vorwort zur ersten Auflage genannte Band 244 der Neuen Brehm-Bücherei dieser Art gewidmet ist. Auf entsprechenden Wunsch wurde sie trotzdem in den Band mit eingegliedert, doch beziehen sich die Ausführungen weiterhin in erster Linie auf die – relativ wenigen – Angaben über das Freileben. Über Haltung und Zucht dieser Art gibt es neben dem genannten Band ein derart ausführliches Schrifttum, daß sich jede Bearbeitung des Themas in dem hier angestrebten Rahmen erübrigt.

Eingefügt wurde dagegen die Behandlung der Arten der Gattung *Cyanoramphus*. Sie sind zwar nicht in Australien beheimatet, zeigen jedoch so viele verwandtschaftlich bedingte Übereinstimmungen mit den australischen Plattschweifsittichen und werden zudem zunehmend häufiger in Liebhaberhand gehalten und gezüchtet, daß uns Informationen über diese Arten wünschenswert erschienen.

Die Neuauflage des Bandes wäre nicht möglich gewesen ohne die aktive und fachkundige Mitarbeit meines Diplomanden Dieter Vogels. Er verfügt selbst über eine jahrelange Erfahrung in der Haltung, Züchtung und Beobachtung von Plattschweifsittichen. Er hat bei der Durchsicht der neueren Literatur geholfen, die neuen Textteile weitgehend selbst verfaßt und einen großen Teil der alten Schwarzweißaufnahmen durch eigene ersetzt. Ihm gebührt mein ganz besonderer Dank. Die Neuzeichnung der Verbreitungskarten führte Frau Edda Geißler durch. Auch ihr sei an dieser Stelle herzlich gedankt.

Bielefeld, im September 1987 Klaus Immelmann

Nachtrag zum Vorwort

Die abschließenden Arbeiten an der Neuauflage der „Plattschweifsittiche" erfuhren mit dem plötzlichen und unerwarteten Tod von Prof. Dr. Klaus Immelmann einen jähen Einschnitt. In der Hoffnung, auch in seinem Sinne zu handeln, habe ich mich bereit erklärt, das gemeinsam begonnene Projekt alleine zu Ende zu führen.

In dieser fünften Auflage wird nun erstmals die Verbreitung aller beschriebener Arten in Form von Übersichtskarten dargestellt. Hierzu wurden die Verbreitungskarten der vorausgehenden Auflage aktualisiert und gemeinsam mit den neu hinzugekommenen „kombiniert", um die Verbreitung von nahe verwandten und sich daher bis zu einem gewissen Grade gegenseitig ausschließenden Arten zu verdeutlichen. Zusätzlich zeigen zwei weitere Übersichtskarten die Niederschlagsverteilung und die Vegetationsgliederung des australischen Kontinents, da diese Parameter in der Regel einen direkten Einfluß auf die jeweilige Verbreitung der Arten ausüben.

Nach wie vor beruht der Schwerpunkt dieser Monographie auf der Darstellung des Freilebens der Plattschweifsittiche; aus diesem Grund wurde u. a. auch auf eine Beschreibung der zwischenzeitlich in Menschenobhut aufgetretenen Farbmutationen verzichtet. In diesem Zusammenhang sollte jedoch erwähnt werden, daß es gerade im Hinblick auf bedrohte Arten angeraten ist, die Bevorzugung derartiger Mutationen gegenüber dem Wildtyp in Züchterkreisen kritisch zu betrachten.

Von großem Wert war für mich, Herrn Prof. Dr. Jürgen Nicolai, Institut für Vogelforschung, Wilhelmshaven, für die Durchsicht des Manuskriptes gewinnen zu können. Ihm sei an dieser Stelle herzlich gedankt. Unterstützung erfuhr ich auch von folgenden Mitarbeitern des Lehrstuhls für Verhaltensphysiologie der Universität Bielefeld. Frau Edda Geißler half – wie schon erwähnt – in technischen Angelegenheiten, Frau Brigitte Linkenheil besorgte die mühevolle Abschrift des Manuskriptes und Herr PD. Dr. Hans-Joachim Bischof stand mir in vielen Fragen ratgebend zur Seite. Der „Zoo-Neuwied" stellte in großzügiger Weise seine Papageiensammlung für fotografische Zwecke zur Verfügung und Herr Alfons Preussiger, Heimbach-Weis, half bei der Literaturbeschaffung. Allen Genannten gebührt Dank. Schließlich sei auch der A. Ziemsen Verlag dankenswerterweise erwähnt, der eine vertrauensvolle und unkomplizierte Zusammenarbeit ermöglichte.

Bielefeld, im November 1987 Dieter Vogels

Inhaltsverzeichnis

1. Allgemeines

Die Ordnung der Papageienvögel (Psittaciformes) bildet eine in sich geschlossene Vogelgruppe hohen phylogenetischen Alters, deren verwandtschaftliche Beziehungen zu anderen Ordnungen noch nicht endgültig geklärt sind. Die systematische Einteilung der Papageien gestaltet sich gerade wegen ihrer Einheitlichkeit recht schwierig. Das größte Problem besteht in der Frage, welcher systematische Rang den einzelnen Untergruppen zuerkannt werden muß. Beddard (1898), Mathews (1927), Wolters (1975–1982) u. a. gliedern die Papageienvögel in mehrere Familien auf. Dagegen erkennen andere Autoren nur eine einzige Familie an, die sie in eine Anzahl von Unterfamilien und Tribus aufteilen (Peters 1937, Mayr u. Amadon 1951, von Boetticher 1964, Forshaw 1978, Smith 1975, Homberger 1980).

Die Plattschweifsittiche bilden innerhalb der Papageien eine relativ geschlossene Gruppe. Sie werden von einigen Autoren (Condon 1941, Cain 1955, Smith 1975) als eine eigene Unterfamilie, Platycercinae, von anderen (Peters 1937, von Boetticher 1964, Homberger 1980) nur als Tribus, Platycercini, innerhalb der echten Papageien, Psittacinae, angesehen. Um dem Leser ihre systematische Stellung innerhalb der Papageien zu verdeutlichen, sei hier eine Systematik der Papageienvögel nach Vorschlägen von Smith (1975) dargestellt. (Die deutschen Bezeichnungen der Tribus in Klammern wurden hinzugefügt.)

Familie Psittacidae

- Unterfamilie Platycercinae
  - Tribus Strigopini (Eulenpapageien)
  - Tribus Nestorini (Nestorpapageien)
  - Tribus Platycercini (Plattschweifsittiche)
  - Tribus Cacatuini (Kakadus)
- Unterfamilie Loriinae
  - Tribus Psittaculini (Wachsschnabelpapageien)
  - Tribus Psittaculirostrini (Rundschnabelpapageien)
  - Tribus Micropsittini (Spechtpapageien)
  - Tribus Psittrichasini (Borstenköpfe)
  - Tribus Loriini (Loris)
- Unterfamilie Psittacinae
  - Tribus Psittacini (Stumpfschwanzpapageien)
- Unterfamilie Arinae
  - Tribus Arini (Neuwelt-Papageien)

Homberger (1980) betrachtet die Plattschweifsittiche (Platycercini) als einen

Tribus innerhalb der Unterfamilie Psittacinae und weist den Kakadus den Rang einer eigenen Unterfamilie (Cacatuinae) zu.

Die Plattschweifsittiche sind mittelgroße langschwänzige Papageien mit kurzem hornfarbenen Schnabel. Der stufige Schwanz ist stets länger als die Flügel. Die Schwanzfedern nehmen von außen nach innen an Länge zu, die vier mittleren Federn sind in der Regel gleich lang. Die Geschlechtsunterschiede sind im allgemeinen nicht sehr stark ausgeprägt. Bei einigen Arten sind Männchen und Weibchen gleich gefärbt, während bei anderen die Gefiederfarben des Weibchens etwas weniger leuchtend sind. Zumeist differieren die Geschlechter dort (wo sie gleich gefärbt sind) jedoch in der Größe. In der Regel sind die männlichen Vögel etwas kräftiger, was insbesondere hinsichtlich der Gestalt von Kopf und Schnabel auffällt.

Ein ausgesprochen konservatives Merkmal ist die Gestalt der Flügelfedern. So sind die 2.–5. Handschwingen bei nahezu allen Arten auf der Außenseite eingebuchtet. Die gleiche Erscheinung ist von den Kakadus bekannt. C o n d o n (1941) hat darauf hingewiesen, daß die verwandtschaftlichen Beziehungen zwischen Plattschweifsittichen und Kakadus vermutlich enger sind als allgemein angenommen wird. Er stützt sich dabei auf Untersuchungen am Kopfskelett und an der Muskulatur. Außerdem haben beide Gruppen – als Ausnahme unter den Papageien – eine wohlentwickelte Bürzeldrüse.

Einige Gattungen der Plattschweifsittiche zeigen Beziehungen zu anderen Tribus und Unterfamilien der Papageien und nehmen möglicherweise eine systematische „Mittelstellung" ein. Die Gattung *Neophema* (Grassittiche) wurde von R e n z o n i

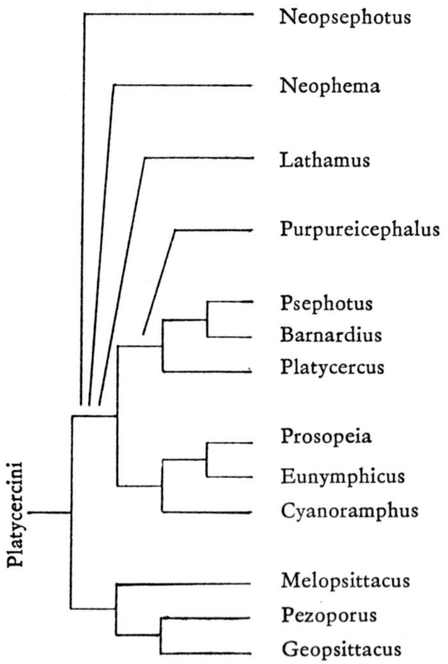

Abb. 1. Vermutliche Verwandtschaftsbeziehungen innerhalb der Platycercini (schematisch, zusammengestellt von V o g e l s nach Angaben von C o n d o n 1941, F o r s h a w 1981, H o m b e r g e r 1980, S m i t h 1975)

u. W a t t e r s (1972) sogar den Wachsschnabelpapageien zugeordnet, da sie Gemeinsamkeiten mit der *Aprosmictus-Alisterus-Polytelis*-Gruppe aufweist. Der Nymphensittich *(Nymphicus hollandicus)*, der verschiedentlich als Plattschweifsittich betrachtet wurde, wird heute allgemein zu den Kakadus gestellt und verbindet diese mit den Wachsschnabelpapageien und den Plattschweifsittichen (C o u r t n e y 1974). Schließlich nehmen auch die Gattungen *Pezoporus* (Erdsittich) und *Geopsittacus* (Nachtsittich) eine Mittelstellung ein und leiten über zu den flugunfähigen neuseeländischen Eulenpapageien (Strigopini).

Die Plattschweifsittiche sind in 13 Gattungen über Australien, Neuseeland, Neukaledonien und die Fidschi-Inseln verbreitet. Davon sind 10 Gattungen auf Australien und Tasmanien beschränkt. Die Gattungen *Cyanoramphus* (Laufsittiche) und *Eunymphicus* (Hornsittiche) kommen auf Neuseeland und Neukaledonien vor. Auch die Pompadoursittiche *(Prosopeia)* der Fidschi-Inseln, die von mehreren Autoren in die Nähe der Königssittiche *(Alisterus)* innerhalb der Psittaculini gestellt werden, gehören offensichtlich zu den Plattschweifsittichen (H o m b e r g e r 1980).

Es ist anzunehmen, daß die Plattschweifsittiche ursprünglich Bewohner geschlossener Wälder waren. Einige Arten haben diese Lebensweise bis heute beibehalten *(Lathamus, Purpureicephalus, Cyanoramphus)*. Folglich sind die Arten des offenen Geländes als abgeleitet zu betrachten. Mit der zunehmenden Austrocknung des australischen Kontinents seit dem Ende des Pleistozäns mußten sich auch die Sittiche an trockenere Lebensräume anpassen. Da der Prozeß der Austrocknung auch heute noch fortschreitet, schrumpft das Verbreitungsgebiet vieler waldbewohnender Arten *(Platycercus elegans, Purpureicephalus spurius)* immer weiter zusammen. Die Mehrzahl der australischen Plattschweifsittiche bewohnt heute lichte Trockenwälder, Savannen und weite Grassteppen. Einzelne Arten sind sogar bis in die trockensten Gebiete des australischen Kontinents, die „Mulga"-Strauchsteppen *(Neopsephotus bourkii)* und die mit Stachelschweingras bestandenen Halbwüsten *(Geopsittacus occidentalis, Melopsittacus undulatus)* vorgedrungen.

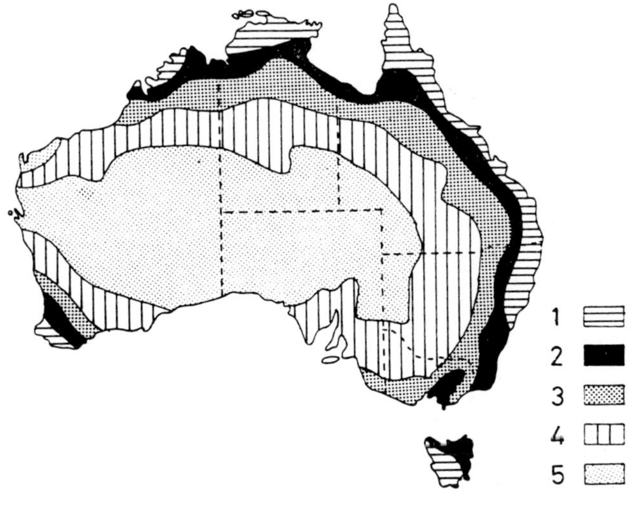

Abb. 2. Niederschlagsverteilung (Jahresdurchschnitt): über 1000 mm (1), 750 bis 1000 mm (2), 500 bis 749 mm (3), 250 bis 499 mm (4), unter 250 mm (5). Nach F r i t h (Hrsg.) 1976

Die meisten Plattschweifsittiche brüten in Freiheit offenbar nur einmal im Jahr. Die zentralaustralischen Arten machen bei günstigen Lebensbedingungen zwei oder drei Bruten nacheinander. Auch der Rosella brütet in der Regel zweimal. Die Brutzeit liegt im Süden des Kontinents im Frühling und Frühsommer, d. h. in den Monaten August bis Dezember. Die Temperaturen entsprechen um diese Zeit den mitteleuropäischen Sommertemperaturen. Das Land ist durch die reichlichen Winterregen noch grün, und überall stehen Sämereien in ausreichendem Ausmaß zur Verfügung. Sobald die Tagestemperaturen über 30 °C ansteigen und die Niederschläge ausbleiben (November bis Dezember), stirbt die Vegetation rasch ab, und die Brutzeit geht zu Ende. Setzen die Herbstregen einmal sehr frühzeitig ein (April, Mai), können einige Arten gelegentlich auch im Herbst noch einmal zu brüten beginnen, ehe die tiefen Wintertemperaturen diese zweite Brutzeit beenden. Für die Brut vieler Plattschweifsittiche (das gleiche gilt natürlich auch für andere Kleinvögel) müssen demnach zwei Bedingungen erfüllt sein: die Temperaturen müssen relativ hoch sein, und es muß geregnet haben, damit genügend halbreife Sämereien vorhanden sind. Im Winter regnet es zwar, aber es ist zu kalt; im Sommer ist es heiß, aber es fehlt die grüne Vegetation. Daher bleiben als Brutzeit nur Frühjahr und Herbst.

Anders liegen die Verhältnisse in Nord- und Zentralaustralien. Dort ist es ganzjährig warm genug; die Brutzeit hängt daher ausschließlich vom Regen ab. Im Norden des Landes gibt es eine regelmäßige Regenzeit im Sommer, d. h. in den Monaten Dezember bis März/April. Die dort lebenden Sittiche *(Psephotus pulcherrimus, P. chrysopterygius, Platycercus venustus, P. adscitus)* brüten während der Regenzeit oder zu Beginn der Trockenzeit, ehe die Vegetation wieder abstirbt.

In Zentralaustralien gibt es keine festliegende Regenzeit, da weder die sommerlichen Monsunregen aus dem Norden noch die winterlichen Westwindregen aus dem Süden das Landesinnere erreichen. Einzelne Tiefdruckgebiete von beiden Zonen können sich aber doch einmal bis ins Zentrum „verirren". Aus diesem Grund kann es theoretisch in jedem Monat des Jahres regnen, aber der Regen kann auch jahrelang völlig ausbleiben. Die Kleinvögel haben sich an diese willkürliche Niederschlagsverteilung angepaßt. Sie haben keine feste Brutzeit, sondern können zu jeder Jahreszeit brüten, sofern einzelne Regenfälle eine ausreichende Ernährungsgrundlage geschaffen haben. Da diese Niederschläge nicht nur zeitlich völlig unberechenbar sind, sondern außerdem auch jeweils nur eine relativ kleine Fläche erreichen, brüten die Vögel dicht benachbarter Gebiete mitunter zu völlig verschiedenen Zeiten. Unter den Plattschweifsittichen haben im wesentlichen drei Arten eine derart unregelmäßige Brutzeit *(Geopsittacus occidentalis, Melopsittacus undulatus, Neopsephotus bourkii).* Auch *Nymphicus hollandicus* und *Polytelis alexandrae* zeigen derartige Anpassungen.

Menge und jahreszeitliche Verteilung der Niederschläge bestimmen jedoch nicht nur die Lage der Brutzeit, sondern auch die Wanderungen der australischen Sittiche. In den küstennahen Gebieten ist Nahrung und Wasser ganzjährig in ausreichendem Maße vorhanden. Die dort lebenden Sittiche sind daher Standvögel. Im Landesinneren zwingt langandauernde Trockenheit dagegen zu ausgedehnten Wanderungen. Daher ist eine Sittichart im allgemeinen um so nomadischer, je trockenere Klimabezirke sie bewohnt. Bereits in den Trockenwäldern und Eukalyptussavannen einige 100 km landeinwärts von der Küste schließen sich die Sittiche, namentlich die *Platycercus*-Arten, außerhalb der Brutzeit zu größeren Schwärmen zusammen und wandern

Abb. 3. Vegetationsgliederung (schematisch): tropischer Regenwald und feuchter *Eucalyptus*-Wald (1), trockener *Eucalyptus*-Wald (2), Mitchell-(*Astrebla*-)Grasland (3), Mallee (offenes *Eucalyptus*-Gebüsch) (4), Mulga (Gebüsch von *Acacia aneura* u. a.) (5), Saltbush (*Atriplex-Kochia*-Gesellschaft) (6), Spinifex-(*Triodia*-)Flächen (7), sogenannte „Wüsten" (8). Nach Walter (1973), verändert

auf der Suche nach geeigneten Nahrungsquellen weit umher. Zur nächsten Brutzeit kehren sie in der Regel in ihr altes Brutgebiet zurück.

Ausgesprochene Nomaden sind dagegen die Bewohner der trockenen Steppen und Halbwüsten im Landesinnern. Dort können monate- oder gar jahrelange Dürreperioden die Kleinvögel zum völligen Verlassen eines Gebietes zwingen. Am besten ist der Wellensittich an diese Verhältnisse angepaßt. Gelangt er auf seinen Wanderungen in ein Gebiet, in dem es kürzlich geregnet hat, so beginnt er dort zu brüten. Anschließend bleibt er noch so lange dort, wie Nahrungs- und Wasserangebot ausreichend sind. Setzen innerhalb weniger Monate neue Niederschläge ein, so kann er sogar ein zweites und drittes Mal an derselben Stelle brüten. Sobald aber der Regen für längere Zeit ausbleibt, wandert er weiter; der Zyklus beginnt von neuem.

Etwas seßhafter sind Nymphen-, Bourke- und Nachtsittich. Sie können jahrelang als Standvögel in der gleichen Gegend leben. Nur bei besonders langandauernden Dürreperioden brechen sie zu großen Wanderungen auf und wandern in günstigere Gebiete ab. Danach dauert es dann allerdings Jahre oder Jahrzehnte, bis die Art zurückkehrt. Dieser Typ der nomadischen Lebensweise ist auch unter anderen Vogelgruppen Zentralaustraliens weit verbreitet. Die bekanntesten Beispiele sind Zebrafink *(Taeniopygia guttata castanotis)* und Harlekintaube *(Histriophaps histrionica)*.

Echte Zugvögel fehlen nahezu völlig. Lediglich die tasmanischen Populationen von Feinsittich *(Neophema chrysostoma)*, Goldbauchsittich *(N. chrysogaster)* und Schwalbensittich *(Lathamus discolor)* ziehen im Herbst über die Baßstraße zum australischen Festland. Offenbar weichen sie den tiefen Wintertemperaturen in ihrer Brutheimat aus. Allerdings sind sie auch im Winter vereinzelt in Tasmanien beobachtet worden. Ihre Zugwege und die genaue Lage ihres Winterquartiers sind noch unbekannt, und es wird erst durch planmäßige Beringung festzustellen sein, ob es sich hier wirklich um echte Zugvögel handelt.

Die unregelmäßigen Wanderungen vieler Plattschweifsittiche machen es nahezu unmöglich, ihre gegenwärtige Häufigkeit abzuschätzen. Ein und dieselbe Art kann jahrelang in einem Gebiet sehr häufig sein und dann plötzlich für ebenso lange Zeit völlig fehlen. Von einigen Sittichen fehlte sogar jahrzehntelang jeder Nachweis, so daß man sie für ausgestorben hielt. Im Laufe der letzten Jahre sind jedoch, mit einer Ausnahme, alle „ausgestorbenen" Sittiche wieder gesehen worden. Selbst der Nachtsittich ist in der Nähe von Alice Springs wiederentdeckt worden. Lediglich vom Paradiessittich *(Psephotus pulcherrimus)* fehlt bis heute jede Spur. Bei seiner nomadischen Lebensweise und der dünnen Besiedlung seiner Heimat ist jedoch anzunehmen, daß er eines Tages wieder auftauchen wird.

Besonderes Interesse verdient die Frage, wie sich die australischen Sittiche an die Besiedlung ihrer Heimat durch die Europäer angepaßt haben. Erfreulicherweise scheint sie sich auf die meisten Arten günstig ausgewirkt zu haben. Allerdings sind viele Sittiche am Beginn der Besiedlung sehr stark zurückgegangen. Sie wurden von den Siedlern, teilweise aus reiner Freude am Töten, zu Tausenden abgeschossen. Allmählich setzte sich jedoch eine vernünftigere Einstellung durch, und die schmucken Vögel gewannen das Interesse und die Zuneigung der Menschen.

Den australischen Sittichen kam ihre große Fruchtbarkeit sehr zugute. Sie sind in ihrer Vermehrungsrate darauf eingestellt, daß bei Dürreperioden ein großer Teil der Population zugrunde geht, der dann bei günstigeren Lebensbedingungen möglichst rasch wieder ersetzt werden muß. So haben sie auch die durch den Menschen erlittenen Verluste schnell aufgeholt und ihren ursprünglichen Bestand wieder erreicht. – Später brachte die dichtere Besiedlung sogar Vorteile. Der Mensch schuf Tränken für Rinder und Schafe und legte unter künstlicher Bewässerung Felder und Gärten an. Damit besserten sich auch die Lebensbedingungen für die Sittiche, für die Wasser und Nahrung nunmehr das ganze Jahr über vorhanden waren. Sie konnten mit dieser unfreiwilligen Hilfe des Menschen selbst lange Trockenheit ohne größere Verluste überstehen. Der Unterschied zwischen den kärglichen „natürlichen" Verhältnissen und dem ganzjährig günstigen Nahrungs- und Wasserangebot in Menschennähe ist so groß, daß viele Arten zu echten Kulturfolgern geworden sind. Sie sind heute häufiger, als sie es vor Ankunft der Europäer jemals gewesen sind. Auf den Getreidefeldern, in den Obstplantagen und Gärten richten sie zum Teil erheblichen Schaden an. Einige Sittiche sind daher völlig ungeschützt und dürfen ganzjährig abgeschossen werden. Trotzdem wird ihre Zahl immer größer. Einzelne Arten, namentlich der Bourkesittich, sind dem Menschen gegenüber so vertraut, daß sie auf der Suche nach Nahrung oder nach schattigen Plätzen zur Mittagszeit sogar bis auf die Sonnenveranden der Farmhäuser kommen.

Diejenigen Plattschweifsittiche, die ursprünglich offene Steppenlandschaften bewohnten, sind seit dem Beginn der Besiedlung nicht nur häufiger geworden, sie haben auch ihr Verbreitungsgebiet stellenweise erheblich ausdehnen können. Durch Rodungen in den Küstengebieten sind weite Waldflächen in offenes Kulturland verwandelt worden, und die steppenbewohnenden Sittiche (namentlich *Platycercus eximius* und *Psephotus haematonotus*) konnten in Gebiete vordringen, die vorher von waldliebenden Arten besiedelt waren.

In neuerer Zeit haben die höhlenbrütenden Sittiche in Ostaustralien einen gefährlichen Konkurrenten erhalten. Der eingeführte europäische Star *(Sturnus vulgaris)* bevorzugt zum Brüten die gleichen Astlöcher und bleibt bei Auseinandersetzungen an der Bruthöhle in der Regel Sieger. Mitunter werden die Sittiche von den Staren selbst dann noch verdrängt, wenn sie schon auf einem vollen Gelege brüten. Da der Star sich in Australien außerordentlich rasch vermehrt und ausbreitet, könnte er zu einer Gefahr für alle einheimischen Höhlenbrüter werden.

Eine andere Gefahr droht den Bodenbrütern (Erdsittich, Nachtsittich). Ihre Gelege fallen häufig den eingeführten europäischen Füchsen *(Vulpes vulpes)* zum Opfer. Hier können nur große Reservate einen dauernden Schutz gewährleisten, die völlig frei von Füchsen gehalten werden. – Schließlich richten auch verwilderte Hauskatzen unter den Sittichen großen Schaden an. Sie plündern die Nester aus, soweit sie sie erreichen können. Aber auch die erwachsenen Sittiche fallen ihnen zum Opfer. Die natürlichen Feinde der Plattschweifsittiche sind Greifvögel, während am Tag jagende Bodenfeinde in der ursprünglichen Umwelt dieser Tiere völlig fehlten. Daher richten sie ihre Aufmerksamkeit in erster Linie auf den Himmel. Auf eine anschleichende Katze sind sie in ihrem Instinktbauplan nicht eingestellt. Es fällt den Hauskatzen daher nicht schwer, sich an eine Gruppe am Boden fressender Sittiche heranzuschleichen und im Sprung ein Tier herauszuholen.

Flug- und Klettervermögen der australischen Sittiche sind sehr unterschiedlich ausgebildet. Die Bewohner offener Landschaften sind ausdauernde und schnelle Flieger. Sie haben interessanterweise zwei verschiedene Flugweisen entwickelt. Die *Psephotus-*, *Platycercus-*, *Purpureicephalus-* und *Barnardius*-Arten haben einen ausgeprägten Bogenflug und setzen kurz vor der höchsten Stelle des Bogens vorübergehend mit dem Flügelschlag aus. Sie erinnern in ihrem Flugbild an Spechte und viele Finkenvögel. Auch Bourkesittich *(Neopsephotus)* und Wellensittich *(Melopsittacus)* zeigen diesen Wellenflug, allerdings weniger ausgeprägt. Die Arten der Gattungen *Lathamus*, *Nymphicus*, *Neophema* und *Polytelis* haben dagegen einen geradlinigen reißenden Flug mit scharfen zackigen Wendungen. Sie stimmen in ihrer Flugweise mit zahlreichen Limicolen, aber auch mit den Loris *(Loriini)* überein. Der Zusammenhalt einer größeren Gruppe ist bei den letztgenannten Arten wesentlich enger als bei den Bogenfliegern. – Auch in der Flughöhe bestehen Unterschiede. Die Bogenflieger bleiben in der Regel dicht über dem Erdboden bzw. über der Vegetation, während die Arten mit geradlinigem Flug bis in große Höhen aufsteigen.

Die übrigen Arten sind schlechte Flieger. Der Erdsittich erhebt sich nur selten in die Luft und fliegt stets nur kurze Strecken. Die *Neophema*-Arten fliegen ebenfalls sehr selten. Ihr Flug ist unruhig und zeigt keine Andeutungen einer Wellenform. Auf kurze Strecken fliegen sie schmetterlingsartig flatternd. Bei längeren Flügen können sie ziemlich hoch aufsteigen und ähneln dann den *Polytelis*-Arten. – Die unterschiedliche Flugweise spiegelt sich in der Flügelform wider. Die *Polytelis*-Arten als gewandteste Flieger haben lange und spitze Flügel, bei den Bogenfliegern dagegen sind sie breit und rund. *Neophema* nimmt eine Mittelstellung ein.

Die schlechtesten Flieger sind im allgemeinen die besten Kletterer. Die *Neophema*-Arten können außerordentlich geschickt im dichtesten Gezweig herumklettern und selbst an dünnen Zweigen entlanghangeln. Sie erinnern in mancher Hinsicht an kletternde Meisen. Erd- und Nachtsittich sind außerdem schnelle Läufer. Die übrigen

Arten meiden die dichte Vegetation. Sie suchen ihre Nahrung am Boden oder in den freieren Spitzen der Sträucher und Bäume. Dementsprechend ist auch die Fluchtreaktion beider Gruppen verschieden. Die erstgenannten Arten versuchen, sich zunächst „zu Fuß“ in Sicherheit zu bringen, verkriechen sich im dichten Pflanzenwuchs, fliegen erst im letzten Augenblick auf, landen schon nach kurzer Zeit wieder und verschwinden im Gezweig. Die übrigen Arten fliegen bei jeder Gefahr sofort vom Boden auf und landen in den höchsten Spitzen der Bäume, wo sie völlig frei und offen sitzen und jederzeit zum Weiterflug bereit sind.

Das unterschiedliche Flug- und Klettervermögen der einzelnen Arten hängt selbstverständlich mit dem Lebensraum zusammen. Die meisten Plattschweifsittiche gehen am Boden auf Nahrungssuche, halten sich aber sonst in den Spitzen der Bäume und Sträucher auf und suchen sich nach Möglichkeit hochgelegene Bruthöhlen. Die *Neophema*-Arten dagegen leben und brüten vorzugsweise in Bodennähe. Nacht- und Erdsittich schließlich sind zu reinen Bodenvögeln geworden, die sich normalerweise nicht auf Zweige setzen und auch am Erdboden brüten. Diese Entwicklung zum Bodenvogel hat beim neuseeländischen Eulenpapagei *(Strigops habroptilus)*, der sich vermutlich aus plattschweifsittichartigen Vorfahren entwickelt hat, ihren Höhepunkt erreicht. Er kann nur noch fallschirmartig abwärts gleiten, ist also nahezu flugunfähig geworden und hat sogar den Brustbeinkamm völlig verloren, der bei flugfähigen Vögeln die Ansatzfläche für die Flugmuskulatur bildet.

Die Nahrung der australischen Sittiche besteht in erster Linie aus halbreifen und reifen Sämereien. Grassamen werden bevorzugt. In den dichter besiedelten Ackerbaugebieten ist der Anteil der einheimischen Pflanzen an der Nahrung der Sittiche in letzter Zeit stark zurückgegangen. Die echten Kulturfolger ernähren sich heute fast ausschließlich von eingeführten, größtenteils europäischen Ackerunkräutern und plündern außerdem die Getreidefelder. Rosella, Ringsittich, Nymphen- und Bergsittich sind zu großen Weizenschädlingen geworden. Der Rotkappensittich vermag mit seinem kräftigen Schnabel die harten Kapseln der Eukalyptusbäume zu öffnen und ernährt sich zu einem großen Teil von deren Samen.

Neben der Körnernahrung nehmen die meisten Arten auch Blütennektar, Früchte und Insekten auf. Der Schwalbensittich ernährt sich hauptsächlich vom Nektar der Eukalyptusblüten und erinnert damit an die Loris. Auch viele andere Sittiche besuchen mehr oder minder regelmäßig die blühenden Eukalyptusbäume. Es ist jedoch im Einzelfall unbekannt, ob ihr Besuch dem Nektar oder den Blüteninsekten gilt. – Die Fruchtnahrung bestand bis zum Eintreffen der Europäer hauptsächlich aus kleinen Beeren. Heute plündern jedoch viele Arten regelmäßig die Obstgärten und Obstplantagen und fressen alle angebauten Fruchtarten mit Ausnahme der Citrus-Früchte. Äpfel und Birnen werden bevorzugt.

Alle Sittiche, deren Ernährungsweise durch Kropf- und Magenuntersuchungen näher bekannt ist, nehmen weitaus größere Mengen von Insektennahrung zu sich, als allgemein angenommen wird. Sie besteht in erster Linie aus Blatt- und Blüteninsekten sowie Insektenlarven, die von den Blättern und von der Rinde der Bäume abgelesen werden. Fliegende Insekten scheinen die Sittiche dagegen nicht zu fangen. – Im Kropf und Magen der untersuchten Sittiche fand man regelmäßig groben Sand, der offenbar zur mechanischen Zerkleinerung der Nahrung beiträgt.

Die Plattschweifsittiche suchen ihre Nahrung hauptsächlich am Boden. Sie lesen entweder lose herumliegende Samen auf oder lösen durch „kauende" Schnabelbewegungen einzelne Körner aus anstehenden Ähren oder Samenbehältern. Eukalyptussamen, Blütennektar, Früchte und Insekten werden im Gezweig erbeutet. Aus großen Früchten beißen sie einzelne Portionen heraus. Kleine Samen verschlucken sie ganz. Größere werden mit den Schnabelrändern geschält, wobei sie mit der Zunge von einer Schnabelseite zur anderen geschoben werden. Früchte werden ebenfalls auf diese Weise zerkaut. – Die *Platycercus-*, *Barnardius-* und *Purpureicephalus*-Arten können die Nahrung mit dem Fuß zum Schnabel führen und einzelne Portionen oder Körner herausholen. Die übrigen Arten halten die Nahrung zum „Abbeißen" gelegentlich mit dem Fuß am Boden oder an einem Ast fest, doch können es auch bei ihnen einzelne Tiere lernen, die Nahrung „in den Fuß" zu nehmen.

Die australischen Plattschweifsittiche kratzen sich „hinten herum", d. h., sie führen den Fuß hinter dem Flügel zum Kopf. In bezug auf ihre Kratzweise stellen gerade die Papageien eine besonders interessante Gruppe dar, in der beide Möglichkeiten verwirklicht sind. Kakadus (mit Ausnahme des Nymphensittichs), Amazonen, Loris, viele afrikanische Papageien, die südamerikanischen Keilschwanzsittiche und die asiatischen Edelsittiche kratzen sich „vorne herum". Sie führen den Fuß direkt, d. h. vor dem Flügel zum Kopf. Nur die Plattschweifsittiche, der Kea, einige sehr primitive südamerikanische Sittiche und die *Agapornis*-Arten kratzen sich „hinten herum". Auch der Königssittich *(Alisterus scapularis)* und die *Polytelis*-Arten kratzen sich hinten herum, während sich der Rotflügelsittich *(Aprosmictus erythropterus)*, der früher sogar mit dem Königssittich in eine Gattung gestellt wurde, vorne herum kratzt. Es ist schwer, diese Unterschiede zu erklären. Vielfach wird das „Hinten-herum-Kratzen" als stammesgeschichtlich älteres Verhaltensmerkmal, gleichsam als ein „Erbe aus der Reptilienzeit" angesehen. In der Tat sind es auch bei den Sittichen im allgemeinen jeweils die ursprünglichen Arten, die sich (nicht immer) hinten herum kratzen.

Auch bei der Untersuchung anderer Vogelgruppen sind in neuester Zeit wieder Zweifel aufgetaucht, ob das „Hinten-herum-Kratzen" wirklich die ursprünglichere Methode ist, zumal sich viele Arten (und das gilt auch für manche Plattschweifsittiche) als Nestlinge vorne herum, später aber hinten herum kratzen.

Zwischen der Kratzmethode und dem Fußgebrauch bei der Nahrungsaufnahme bestehen ebenfalls keine erkennbaren Beziehungen, obwohl man sie eigentlich vermuten sollte. So sind die *Barnardius- und Platycercus*-Arten durchaus in der Lage, Nahrung mit dem Fuß zum Schnabel zu führen. Sie kratzen sich aber hinten herum. Andererseits nehmen die Loris die Nahrung nicht „in den Fuß", kratzen sich aber vorne herum. Es ist geradezu ein lustiger Anblick, wenn etwa ein Rosella, der seinen Fuß beknabbert oder ein Stück Nahrung mit dem Fuß zum Schnabel führt, plötzlich mit demselben Fuß hinter den Flügel fährt, um sich irgendwo am Kopf – möglicherweise sogar direkt an der Schnabelwurzel – zu kratzen. Obwohl der Fuß also in beiden Fällen zum Schnabel gebracht wird, wird er einmal vor dem Flügel, das andere Mal hinter dem Flügel entlanggeführt. Gerade die *Platycercus-* und *Barnardius*-Arten kratzen sich allerdings auch ganz leicht vorne herum, führen aber zum intensiven Kratzen den Fuß stets hinter dem Flügel nach vorn. Vielleicht beginnt in diesen Gattungen gerade der stammesgeschichtliche Übergang von der einen Methode zur anderen, sich anzubahnen. In den übrigen Gattungen der Plattschweifsittiche konnte ich solche Übergänge nicht feststellen.

Das Trinkbedürfnis der einzelnen Arten scheint verschieden groß zu sein. Während Goldschultersittich, Wellensittich, Nymphensittich und die *Platycercus*-Arten den ganzen Tag über alle 1 bis 3 Stunden zur Tränke kommen, trinken Bourke-, Schön-, Browns- und Schildsittich nur morgens und abends und kommen mit der aufgenommenen Flüssigkeit offenbar den ganzen Tag über aus. Entsprechende Unterschiede bestehen auch im Badebedürfnis. Im allgemeinen baden die australischen Sittiche (mit Ausnahme des Bourkesittichs) sehr viel und sehr intensiv. Besonders beliebt sind Regenbäder. Sobald es zu regnen beginnt, fliegen die Tiere in die höchsten Spitzen der Bäume und lassen sich völlig durchnässen. Allerdings sind sie offenbar nicht in der Lage, sich mit ausgebreiteten Flügeln kopfunter an einen Ast zu hängen, wie es die großen Kakadus tun.

Die meisten Plattschweifsittiche sind Höhlenbrüter. Sie brüten in Astlöchern oder in ausgefaulten Baumstämmen und legen die Eier ohne Nistmaterial auf den Mulm, der sich am Boden der Höhle angesammelt hat. Einige *Psephotus*-Arten brüten häufig in den oberirdischen Bauten von Termiten und gelegentlich sogar in senkrechten Lehmwänden an den Ufern von Flüssen. Das gleiche Verhalten wurde ausnahmsweise beim Rosella *(Platycercus)* und beim Bergsittich *(Polytelis)* beobachtet. Die *Cyanoramphus*-Arten brüten sowohl in Baum- als auch in Erdhöhlen. Der Erdsittich *(Pezoporus)* nistet ausnahmslos am Boden und trägt sich aus Zweigen eine winzige Nestplattform zusammen. Der Nachtsittich *(Geopsittacus)* baut sich im Zentrum eines Stachelschweingrasbüschels sogar ein relativ ordentliches Nest.

Die Eier werden im Abstand von etwa 48 Stunden am frühen Vormittag abgelegt. Einzelne Weibchen verschiedener Arten legen jedoch auch mit 24stündigem Abstand. Die Eier sind reinweiß und haben eine glanzlose oder schwach glänzende Schale. Ihre Gestalt ist rundlich. Das Gelege besteht normalerweise aus 4 bis 6 Eiern, doch kann seine Größe nach dem Alter der Tiere und den herrschenden Lebensbedingungen beträchtlich schwanken. Besonders wenige Eier legen Schwalben-, Glanz-, Paradies- und Brownssittich, während Rosella, Sing- und Gelbbauchsittich besonders große Gelege haben. Die meisten Arten beginnen mit der Ablage des vorletzten oder vorvorletzten Eies, fest zu brüten. Vielfach sitzt das Weibchen auch schon vorher stundenweise in der Bruthöhle, doch bleibt es unbekannt, ob es wirklich schon brütet oder – wie viele Prachtfinken – nur lose auf den Eiern sitzt und sie noch nicht mit dem Brutfleck in Berührung bringt. Das Weibchen brütet allein, nur beim Nymphensittich beteiligt sich auch das Männchen tagsüber an der Bebrütung. Das Männchen hält bei vielen Arten (Fein-, Bourke-, Stanley- und Ringsittich) in der Nähe der Bruthöhle Wache, während es sich bei anderen (Schild-, Bergsittich) weit entfernt. Beim Schildsittich schließen sich die Männchen sogar zu eigenen Gruppen zusammen. Das brütende Weibchen wird vom Männchen gefüttert. Der Schönsittich füttert offenbar nur morgens und abends, während die übrigen Arten mehrmals am Tag zur Fütterung erscheinen. Auch im Ort der Fütterung bestehen Unterschiede. Während der Wellensittich sein Weibchen direkt am Nesteingang füttert, fliegen bei den *Neophema*- und *Psephotus*-Arten beide Partner auf einen benachbarten Baum. Ähnliche Ortsunterschiede gibt es bei der Brutablösung australischer Prachtfinken. Das Weibchen verläßt das Nest am Morgen und Abend für kurze Zeit, um sich zu entleeren und zu trinken. Gelegentlich nimmt es auch selbst etwas Nahrung auf.

Die Bebrütungsdauer beträgt bei den meisten Sittichen fast genau 3 Wochen, bei den *Neophema*-Arten und dem Bourkesittich 18 bis 19 Tage. Da die Bebrütung schon vor der Ablage des letzten Eies beginnt, schlüpfen die Jungen in mehrtägigem Abstand. Trotz ihres teilweise erheblichen Größenunterschiedes werden sie von den Eltern unter normalen Lebensbedingungen gleichmäßig gefüttert. An der Fütterung beteiligt sich auch das Männchen, namentlich wenn die Jungen schon größer sind, doch ist der Eifer der Männchen bei den meisten Arten sehr unterschiedlich. Das Weibchen hudert die Jungen etwa 2 Wochen. Die Dunen der Nestlinge sind weiß bis weißgrau, beim Nymphensittich leuchtend gelb. Wie alle Papageien halten die Plattschweifsittiche die Nester nicht rein. Diese Eigenschaft wird von einigen Schmetterlingen ausgenutzt, die ihre Eier in bewohnte Sittichhöhlen legen. Die Raupen ernähren sich ausschließlich von den Exkrementen der Nestlinge.

Die Jungen verlassen nach etwa 4 Wochen (bei den größeren Arten nach 5 Wochen) das Nest. Ihrem Schlupfabstand entsprechend, fliegen sie in mehrtägigen Abständen aus. Eine Woche später fressen sie selbständig, werden aber noch weitere 1 bis 2 Wochen von den Eltern gelegentlich gefüttert. Die Jugendmauser beginnt im Alter von 3 Monaten. Während die kleineren Arten mit ihr bereits das Alterskleid anlegen, weisen die großen Sittiche ein Übergangskleid auf und sind erst im 2. Jahr ausgefärbt.

Die meisten Plattschweifsittiche leben gesellig. Sie schließen sich außerhalb der Brutzeit zu Gruppen – deren Größe von Art zu Art verschieden ist – zusammen und gehen gemeinsam der Nahrungssuche nach. Nicht selten kommt es vor, daß sich ein derartiger Schwarm aus Vertretern verschiedener Arten zusammensetzt. Ein interessanter Zusammenhang scheint zwischen der Gruppengröße und der Höhe der Niederschläge zu bestehen (Brereton 1971). Die in den küstennahen Gebieten mit regelmäßigen Niederschlägen lebenden Arten bilden in der Regel nur kleine Gruppen. Dagegen sind die das trockene Landesinnere bewohnenden Arten in großen Ansammlungen anzutreffen. Letzteres gilt vor allem für den Wellensittich *(Melopsittacus undulatus)*, der während besonders lange andauernden Dürreperioden sich zu viele tausend Exemplare zählenden Schwärmen zusammenschließt. Unterschiede in der Gruppengröße können schon bei nahe verwandten Arten auftreten. So wurden beim Rosella *(Platycercus eximius)* außerhalb der Brutzeit Schwärme von bis zu 50 Vögeln beobachtet. Der nahe verwandte Blaßkopfrosella *(P. adscitus)* geht in kleineren Gruppen von etwa 5 Individuen auf Nahrungssuche. Der Rosella bewohnt lichte, der Blaßkopfrosella etwas dichtere Savannenlandschaften. Offenbar begünstigt eine dichtere Vegetation und eine damit einhergehende gleichmäßigere Verteilung der Nahrung eine Lebensweise in kleineren Gruppen. Ein räumlich ungleichmäßig vorhandenes Nahrungsangebot in den trockenen Landschaften fördert dagegen individuenreiche Konzentrationen an den wenigen günstigen Stellen. Ähnliche Gesetzmäßigkeiten sind von anderen Vogelgruppen – etwa den Prachtfinken – bekannt.

Fein-, Klippen-, Schwalben- und Singsittich behalten die soziale Lebensweise auch zur Brutzeit bei und brüten in losen Kolonien, die sich mitunter aus verschiedenen Arten zusammensetzen. Dieses Phänomen ist auch von Arten außerhalb der Plattschweifsittich-Gruppe bekannt, so ist beispielsweise der Blaukappensittich *(Polytelis alexandrae)* – im Gegensatz zu den beiden übrigen Arten der Gattung *Polytelis* *(P. anthopeplus* und *P. swainsonii)* – ein Koloniebrüter. Die überwiegende Zahl der Plattschweifsittiche erweist sich jedoch zur Brutzeit als ausgesprochen territorial. Beide Geschlechter verteidigen das Brutterritorium gegen Konkurrenten.

Alle Plattschweifsittiche sind streng monogam und die Paare leben ganzjährig sehr eng zusammen. Eine Umpaarung erfolgt offenbar nur nach dem Tod eines Partners. Auch außerhalb der Brutzeit sind in den Gruppen die Paare als solche zu erkennen. Eine Reihe von Verhaltensweisen steht im Dienst des Paarzusammenhaltes. Hierzu gehören offenbar in erster Linie die Lautäußerungen. Plattschweifsittiche verfügen – wie auch die übrigen Papageienarten – über ein reichhaltiges Lautrepertoire. So wurden bislang für den Wellensittich *(Melopsittacus undulatus)* acht, für den Singsittich *(Psephotus haematonotus)* fünfzehn und für den Rosella *(Platycercus eximius)* vierundzwanzig verschiedene Rufe beschrieben (B r e r e t o n u. P i d g e o n 1966, W y n d h a m 1980). Selbst für die untersuchten Arten ist anzunehmen, daß die Gesamtzahl der Vokalisationen noch weitaus umfangreicher ist. Zudem gibt es Hinweise sowohl auf individuelle Unterschiede als auch auf unterschiedliche Ausdrucksformen ein und desselben Rufes je nach der jeweiligen Situation und der Stimmungslage des betreffenden Tieres. Die Rufe der Papageienvögel erfüllen neben dem Zusammenhalt der Paare noch weitere Funktionen, beispielsweise koordinieren sie die Aktivitäten einer Gruppe. Viele Rufe sind nur von geringer Lautstärke und daher auch nur über kurze Entfernungen zu hören. Eine weitere Verhaltensweise aus dem Bereich der Paarbindung, die sogenannte „soziale Gefiederpflege“, ist bei Papageienvögeln im allgemeinen weit verbreitet, kommt jedoch bei Plattschweifsittichen in der Regel nicht vor. Eine Ausnahme bilden *Melopsittacus undulatus* und einige Arten der Gattung *Psephotus.* Ansonsten sind die Plattschweifsittiche ausgesprochene Distanztiere und selbst die Partner eines Paares halten zumeist einen gewissen Abstand (Individualdistanz) zueinander ein. Interessant ist in diesem Zusammenhang, daß gegenseitige Gefiederpflege bei juvenilen Vertretern der Gattung *Platycercus* beobachtet wurde (I m m e l m a n n , eig. Beob., C a n n o n 1979).

Dem Paarzusammenhalt dient auch das gegenseitige Füttern der Partner. Dieses Verhalten ist bei den Papageien – und bei vielen anderen Vogelgruppen – keine Seltenheit. Der stammesgeschichtliche Ursprung dieser Verhaltensweise liegt mit Sicherheit in der Nahrungsübergabe von den Elterntieren an ihre Jungen. In diesem Sinn ist auch das Füttern des Weibchens durch das Männchen während der Brutzeit zu verstehen. Denn das Weibchen bettelt in der Art eines hungrigen Jungvogels um Futter und erhält nun vom Männchen zusätzliche Nahrung, welche ihm während des Brutgeschäftes von Nutzen ist. Hieraus entwickelte sich im Verlauf der Stammesgeschichte eine Form des Partnerfütterns, die bereits vor der eigentlichen Eiablage einsetzt. Dieses sogenannte „Balzfüttern“ dient dem Herstellen und Festigen der Paarbindung und auf diese Weise auch der gegenseitigen Synchronisation der Partner. In besonders stark abgeleiteten Fällen erfolgt die Fütterung nur noch symbolisch. Die Verhaltensweise ist derart ritualisiert, daß sich lediglich noch die Schnäbel der Tiere berühren („Schnäbeln“), ohne daß wirklich Nahrung übergeben wird. Unter den Plattschweifsittichen ist das Balzfüttern beim Wellensittich besonders ausgeprägt, tritt aber während der Fortpflanzungsperiode auch bei den meisten anderen Arten auf.

Gerade die Vögel sind im allgemeinen für ein sehr hochentwickeltes und auffälliges Verhalten bei der Kopulationseinleitung bekannt. Deshalb mag die Tatsache erstaunen, daß vielen Papageienarten ein stark reduziertes Balzverhalten eigen ist, das in der Regel sogar nicht einmal in direktem Zusammenhang mit der Begattung steht.

Die auf wenige Bewegungen beschränkte Balz ist zweifelsohne eine Folge der engen Paarbindung der monogamen Papageienarten. Dieser Regel steht als kuriose Ausnahme der neuseeländische Eulenpapagei *(Strigops habroptilus)* gegenüber. Diese Art lebt außerhalb der Brutzeit vermutlich solitär. Für die polygynen Männchen wurde eine sogenannte „Arena-Balz“ nachgewiesen, was für keine andere Papageienart bekannt ist. Bei den Plattschweifsittichen sind die Paarpartner durch das erwähnte Paarbindungsverhalten derart miteinander synchronisiert, daß ein aufwendiges Balzverhalten offenbar nicht erforderlich ist.

Das Imponiergehabe der Männchen – das eigentliche Balzverhalten der Plattschweifsittiche – dient in erster Linie der Paarbildung. Junge, noch unverpaarte Männchen imponieren wesentlich häufiger und intensiver als ältere, die schon fest verpaart sind V o g e l s , eig. Beob.). Bei den meisten Arten *(Neopsephotus, Neophema, Purpureicephalus, Platycercus, Barnardius, Psephotus)* richtet sich das Männchen vor dem Weibchen auf, hebt die Flügel an und spreizt die Schwanzfedern. Auf diese Weise werden zum einen der Körperumriß vergrößert und zum anderen oft zusätzlich farbintensive Gefiederstellen exponiert. Im Balzverhalten überlagern sich nicht selten sowohl aggressive (Drohbewegungen) als auch werbende und beschwichtigende (Partnerfüttern, Gefiederkraulen) Komponenten.

Die australischen Plattschweifsittiche erfreuen sich bei den Vogelliebhabern in Europa ganz besonderer Beliebtheit. Der Wellensittich ist heute mit weitem Abstand der häufigste Käfig- und Volierenvogel des Menschen. Er ist bereits zum echten Haustier geworden und hat im Laufe seiner Domestikation zahlreiche Mutationen hervorgebracht. Aber auch die übrigen Sittiche werden immer häufiger gehalten. Die Zucht von Papageienvögeln ist in den letzten Jahrzehnten zu einer bisher unbekannten Blüte gelangt. Sie ist das Zeichen einer allgemeinen Umstellung, die die Vogelliebhaberei in neuerer Zeit erfahren hat. Während man früher einzelne Vögel in relativ kleinen Käfigen hielt und in erster Linie auf den Gesang Wert legte, bevorzugt man heute große Flugräume, in denen man eine möglichst bunte Kollektion halten oder einzelne Arten züchten kann. Mit dieser Umstellung mußte sich naturgemäß auch die Auswahl der gehaltenen Vögel ändern. Während früher Weichfresser, einheimische Körnerfresser und Kanarienvögel das Hauptkontingent stellten, sind es heute vorzugsweise Sittiche und Prachtfinken. Beide Gruppen sind einfach zu halten und schreiten bei einiger Umsicht und etwas Geschick relativ leicht zur Brut. Die Sittiche werden hauptsächlich ihrer Farbenpracht wegen gehalten, während ihre Stimme nicht nur unbedeutend, sondern in vielen Fällen sogar ausgesprochen lästig ist. Gerade bei den seltenen Arten mögen auch wirtschaftliche Gesichtspunkte eine Rolle spielen.

Die Unterbringung der australischen Sittiche erfordert große Volieren, die nach Möglichkeit einen Innen- und einen Außenraum enthalten sollen. Die Mindestgröße richtet sich nach der Größe der Arten und sollte bei den kleinen *Neophema*-Arten bei 2–3 m, bei den großen *Platycercus*- und *Barnardius*-Arten aber bei 4–6 m Länge liegen. Je größer die Voliere, desto besser für ihre Insassen. In jedem Fall sollte man dem großen Flugbedürfnis der Vögel Rechnung tragen und darauf achten, daß sie mindestens eine kleine Strecke wirklich fliegen können und nicht nur von Stange zu Stange hüpfen müssen. Aus diesem Grund sind lange und schmale Flugräume quadratischen Volieren vorzuziehen.

Die erforderlichen Mindesttemperaturen richten sich nach der Herkunft der betreffenden Arten. Die südaustralischen Sittiche können bedenkenlos im ungeheizten Raum und selbst im Freien überwintert werden. Sie sind auch in Freiheit im Winter sehr tiefen Temperaturen ausgesetzt und erleben sogar Schnee und Eis. Trotzdem müssen bei der Überwinterung einige Voraussetzungen erfüllt sein. So muß der Flugraum windgeschützt und zumindest teilweise überdacht sein, da Zug und nasse Kälte in jedem Fall zu gesundheitlichen Schäden führen. Auch darf ein Sittich nur dann im ungeheizten Raum überwintert werden, wenn er ausreichende Bewegungsmöglichkeiten hat und durch Muskelarbeit den Verlust an Körperwärme ausgleichen kann.

Größere Vorsicht erfordern die Bewohner der Steppen und Halbwüsten Inneraustraliens. In ihrer Heimat ist es am Tage außergewöhnlich heiß, und Schattentemperaturen von 45 °C sind keine Seltenkeit. Andererseits können die Temperaturen während der Nacht unter den Gefrierpunkt absinken. Diese Sittiche, zu denen neben dem Wellensittich auch Nymphen-, Bourke- und Blaukappensittich zählen, sind daher an große Temperaturunterschiede und plötzliche Kälteeinbrüche gewöhnt und sind im allgemeinen recht unempfindlich. Man muß aber bedenken, daß die tiefen Temperaturen in ihrer Heimat immer nur für Stunden andauern, worauf wieder große Hitze folgt. Längere Kälteperioden können diesen Arten schädlich werden. Sie sollten daher nur dann in einem ungeheizten Raum überwintert werden, wenn für den Ernstfall d. h. für langandauernde Kälte, doch eine Heizung zur Verfügung steht. Wellen- und Nymphensittich sind allerdings inzwischen so gut akklimatisiert, daß sie auch gegenüber längeren Kälteperioden relativ unempfindlich geworden sind.

Viele Sittichzüchter mögen mir entgegenhalten, daß sie ihre Tiere schon oft kalt überwintert haben. In den meisten Fällen mag es auch gut gegangen sein. Trotzdem können bei größerer Kälte oder Nässe ganz plötzlich starke Verluste eintreten. Außerdem hat jeder Vogelliebhaber die Verpflichtung, seine Pfleglinge nicht nur am Leben zu erhalten, sondern ihnen eine möglichst natürliche Umwelt zu bieten, in der sie wirklich gedeihen und nicht nur vegetieren. Wirklich wohlfühlen können sich die nordaustralischen Sittiche bei unseren Wintertemperaturen aber nicht. – Selbstverständlich darf man auch die nordaustralischen Sittiche an klaren Tagen selbst bei Frost ins Freie lassen, aber sie müssen jederzeit die Möglichkeit haben, nach Belieben in einen geheizten Innenraum zurückzukehren. Vorsicht ist außerdem bei den *Neophema*-Arten geboten. Sie kommen zwar nicht aus dem tropischen Norden, haben sich aber trotzdem als empfindlich erwiesen und sollten nach Möglichkeit in einem geheizten Raum überwintert werden.

Zur Brutzeit sind die meisten Sittiche gegenüber Artgenossen und nahe verwandten Arten unverträglich und dürfen nur paarweise gehalten werden. Das gilt auch für solche Arten, die in Freiheit kolonieweise brüten. Es ist nämlich ein großer Unterschied, ob die Tiere in Freiheit zwar dicht nebeneinander nisten, sich aber sonst nach Belieben ausweichen können oder ob sie in Gefangenschaft ständig auf engem Raum zusammenleben müssen. Im letzteren Fall kann es selbst bei den geselligsten Arten zu Streitigkeiten kommen. Darum sollte auch der Vogelliebhaber auf die soziale Veranlagung der Plattschweifsittiche Rücksicht nehmen. So sollte er nach Möglichkeit jeweils mehrere Paare einer Art so unterbringen, daß sie einander hören und auch sehen können. Die Paare stimulieren sich gegenseitig, und der Zuchterfolg wird besser sein. Um Beißereien zu vermeiden, muß man allerdings die Besetzung so einrichten, daß Paare derselben oder einer nahe verwandten Art niemals benachbarte Volieren bewohnen, sondern durch mindestens eine mit anderen Arten besetzte Voliere voneinander getrennt sind.

Die Fütterung der Plattschweifsittiche ist relativ einfach. Die meisten Arten müssen sich auch in Freiheit mitunter monatelang von völlig vertrockneten relativ eiweißarmen Samen ernähren. Sie sind deshalb sehr genügsam und können bei anspruchsloser Körnernahrung gedeihen. Trotzdem darf man ihre Genügsamkeit nicht überschätzen; man muß bedenken, daß trockene Körner in ihrem natürlichen Lebensraum keineswegs ihre einzige Nahrung darstellen. Namentlich zur Brutzeit stehen ihnen in Freiheit große Mengen hochwertiger, halbreifer Sämereien sowie Früchte und Insekten zur Verfügung. Daher sollte man den Sittichen – zumindest zur Brutzeit, nach Möglichkeit aber ganzjährig – ein abwechslungsreiches Futter bieten. Als Grundlage dient ein Körnermischfutter aus verschiedenen Hirsearten, Spitzsamen, Sonnenblumen, wenig Hafer und etwas Hanf (bei der Hanffütterung ist Vorsicht geboten). Im Winter werden außerdem angekeimte Hirse und Salat gereicht, während im Sommerhalbjahr halbreife Unkrautsämereien in möglichst großer Menge angeboten werden sollen, in erster Linie Vogelmiere *(Stellaria)*, Einjähriges Rispengras *(Poa annua)*, Hirtentäschelkraut *(Capsella)*, Wegerich *(Plantago)*, Löwenzahn *(Taraxacum)*, Gänsedistel *(Sonchus)*, Kreuzkraut *(Senecio)* und Sauerampfer *(Rumex)*. Auch „in Milch stehende“ Getreideähren und halbreife Maiskolben werden von den meisten Arten gern genommen. Als Beikost werden Mohrrüben und verschiedene Früchte gereicht. Die meisten Arten bevorzugen Äpfel, doch werden nahezu alle bei uns angebauten Früchte gern genommen. Auch in Freiheit fressen die meisten Arten ja regelmäßig vom angebauten Obst. Daneben können auch wilde Früchte (Ebereschen-, Wacholderbeeren) gereicht werden. Im Frühjahr bilden frische Zweige von Obstbäumen, Weiden, Linden, Buchen und Haselnuß einen besonderen Leckerbissen, von deren Blattknospen die Sittiche fressen und an deren Rinde sie nagen. Als Aufzuchtfutter brauchen alle Sittiche hochwertige Eiweißnahrung: in Freiheit füttern sie ihre Jungen mit halbreifen Sämereien sowie mit Insekten und deren Larven. Als Ersatz für die Insektennahrung sollten Ameisenpuppen und Eifutter angeboten werden, während die Verfütterung von Mehlwürmern bei den meisten Arten nicht angebracht ist. Außerdem müssen halbreife Sämereien und gekeimte Hirse selbstverständlich in großen Mengen zur Verfügung stehen. Eifutter wird rasch sauer und muß daher im Sommer mehrmals täglich erneuert werden.

Schließlich muß ich auf Untersuchungen an Sittichen in Freiheit verweisen, in deren Kropf und Magen man stets Holzkohle und kleine Steinchen findet. Diese Stoffe tragen vermutlich zur mechanischen Zerkleinerung der Nahrung bei und sollten daher auch in der Voliere zur Verfügung stehen.

Alle Plattschweifsittiche (mit Ausnahme des Bourkesittichs) baden gern und widmen sich nach dem Bad sehr intensiv der Gefiederpflege. Für eine ausreichende Badegelegenheit muß daher in jeder Voliere gesorgt sein.

Viele Plattschweifsittiche sind leicht zu züchten. Sie brüten in Holznistkästen, deren Maße sich nach der Größe der Tiere richten. Für die meisten Arten soll der Kasten etwa 35 cm hoch sein und eine Grundfläche von 25 × 25 cm haben. Die Eingangsöffnung hat je nach der Größe der Art einen Durchmesser von 5–7,5 cm. Besonders beliebt sind schräge Nistkästen, in denen die Tiere leichter auf- und absteigen können.

Für jedes Paar sollten mindestens zwei Nistkästen zur Verfügung stehen, um den Tieren eine Auswahl zu ermöglichen. Um eine Durchnässung zu verhindern, werden die Kästen im überdachten Teil der Voliere angebracht. Die Brut sollte bei uns frühestens Ende März, besser im April oder Anfang Mai beginnen. Bei einem früheren Brutbeginn kann das Weibchen bei tiefen Temperaturen unter Legenot leiden, und für die Aufzucht der Jungen steht noch nicht genügend frisches Grünfutter zur Verfügung. Um einen vorzeitigen Legebeginn zu verhindern, werden die Nistkästen erst zur gewünschten Zeit in der Voliere angebracht. In Freiheit machen die meisten Arten nur eine Brut im Jahr. Bei uns sind zwei Bruten die Regel, einzelne Paare ziehen sogar drei Bruten auf. Eine noch größere Zahl sollte man jedoch unter allen Umständen verhindern. Sie würde zu einer Schwächung der Eltern und zu schwächlichen Jungtieren führen.

Viele Züchter legen die Eier von Sittichpaaren, die in der Zucht nicht zuverlässig sind, anderen Paaren der gleichen oder einer fremden Art zum Ausbrüten und zur Aufzucht der Jungen unter. Ob es auch bei Sittichen – ähnlich wie bei Prachtfinken – durch eine solche Fremdaufzucht zu sexuellen Fehlprägungen auf die Art der Stiefeltern kommen kann, ist noch nicht bekannt.

Die Ammenaufzucht sollte allerdings auch bei Sittichen immer nur im alleräußersten Notfall praktiziert werden. Die regelmäßige Fortnahme frischer Gelege (etwa um möglichst viele Nachkommen besonders „wertvoller" Arten durch „weniger wertvolle" aufziehen zu lassen) führt dagegen sowohl zu einer Schwächung der Elterntiere als auch zu immer schwächeren Nachkommen und damit schlußendlich in die entgegengesetzte Richtung vom angestrebten Zuchtziel. Außerdem besteht die Gefahr, daß sich die für die Zucht nachteiligen Erbanlagen (schwacher oder fehlender Brut- und Füttertrieb), die sonst ausgemerzt werden, auf diese Weise auf die nächste Generation übertragen.

In ihrer Heimat brüten viele Plattschweifsittiche erst in einem Alter von zwei Jahren. Dagegen pflanzen sich nahezu sämtliche Arten in Menschenobhut schon mit einem Jahr fort. An freilebenden Rosellasittichen konnten Smith u. Brereton (1976) nachweisen, daß sich der sexuelle Status von einjährigen Vögeln nur geringfügig von dem älterer Vögel unterscheidet. Es gibt aber Hinweise, daß der Fortpflanzungserfolg auch von der jeweiligen Rangposition eines Vogels innerhalb einer Gruppe abhängt. Jüngere Vögel, die den älteren in Auseinandersetzungen unterlegen sind, nehmen niedrigere Rangpositionen ein und werden auf diese Weise vermutlich an der Fortpflanzung gehindert. Es ist anzunehmen, daß dieser sogenannte „soziale Streß" nicht auftritt, wenn ein einjähriges Paar in einem separaten Volierenabteil untergebracht wird. Allerdings kann auch nicht ausgeschlossen werden, daß eine gewisse Frühreife bei der einen oder anderen Art in Menschenobhut bereits die Folge einer beginnenden Domestikation ist.

Bei allen Papageien ist die richtige Partnerwahl eine der wichtigsten Voraussetzungen für eine erfolgreiche Zucht. Die Papageien gehören zu den höchstentwickelten Vogelgruppen und zeichnen sich durch hohe Intelligenz und große Vielfalt von angeborenen und erlernten Verhaltensweisen aus. Die Ehegatten kennen sich persönlich, hängen zärtlich aneinander und halten das ganze Leben zusammen. Im Gegensatz zu primitiveren Vogel- und Säugergruppen, bei denen persönliche Verhaltenseigenarten eine geringere Rolle spielen und die daher mit jedem beliebigen Partner zur Fortpflanzung schreiten, spielen bei Papageien persönliche Zu- und Abneigungen eine große Rolle. Man sollte daher stets eine größere Gruppe von Jungvögeln zusammenhalten und auf diese Weise die Möglichkeit schaffen, daß die Paare sich selbst zusammenfinden. Bei künstlich zusammengestellten Paaren machen die Tiere mitunter jahrelang keine Anstalten zur Brut, obwohl alle übrigen Voraussetzungen erfüllt sind.

Die Mehrzahl der australischen Plattschweifsittiche wurde in den sechziger Jahren des 19. Jahrhunderts, zum erstenmal nach Europa gebracht. Da Australien englischer Besitz war, gelangten sie in der Regel zuerst in den Londoner Zoo und kamen erst viel später nach Mitteleuropa. In Deutschland waren sie in den meisten Fällen zuerst im Berliner Zoo zu sehen, ehe sie in die Vogelstuben der Liebhaber gelangten. In größerer Zahl wurden die Plattschweifsittiche erst in den dreißiger Jahren des 20. Jahrhunderts und dann wieder nach dem Ende des zweiten Weltkrieges gehalten und gezüchtet. N e u n z i g bezeichnet 1921 viele Arten, die heute zu unseren häufigsten Volierenbewohnern gehören, noch als „selten eingeführt und schwer züchtbar". Umgekehrt sind einige der einst gehaltenen oder gar gezüchteten Arten (Erdsittich, Orangebauchsittich, Paradiessittich) heute aus den hiesigen Sammlungen gänzlich verschwunden.

2. Gattung Geopsittacus Gould, Nachtsittich

Die Gattung *Geopsittacus* vermittelt zwischen den eigentlichen Plattschweifsittichen, insbesondere der Gattung *Pezoporus*, und dem Eulenpapagei (Gattung *Strigops*) von Neuseeland. An den Eulenpapagei erinnern die relativ plumpe Körperform, der dicke Kopf, der im Vergleich zu anderen Plattschweifsittichen kurze Schwanz und die unscheinbar grüne Färbung mit schwarzen Querwellen. Auch der Bau des Gabelbeines (Furcula) entspricht der des Eulenpapageis. Das Brustbein dagegen weist im Gegensatz zur flugunfähigen Gattung *Strigops* einen gut ausgebildeten Kamm auf.
Nur eine Art.

2.1. *Geopsittacus occidentalis* (Gould)
Nachtsittich, Höhlensittich, Höhlenpapagei
Engl. Night Parrot, Spinifex Parrot

Der Nachtsittich ist ein Bewohner trockener felsiger Halbwüsten, die mit Stachelschweingras („Spinifex", Gattung *Triodia*) bestanden sind (Abb. 5). Mit Ausnahme von Queensland wurde er bisher an einzelnen Stellen in allen australischen Bundesstaaten nachgewiesen. Die meisten Funde liegen für die ariden Gebiete West- und Südaustraliens und für das südliche Nordterritorium vor (Karte Abb. 4). Seine gegenwärtige Verbreitung ist allerdings unbekannt.

Der Nachtsittich wurde 1854 von der Austin-Expedition 8 Meilen südwestlich des Mt. Farmer im Gebiet des Murchison River (Westaustralien) entdeckt und 1861 von John G o u l d beschrieben. Zwischen 1875 und 1885 war er in Westaustralien relativ häufig, verschwand dann aber für die folgenden Jahrzehnte wieder völlig. Zwischen 1912 und 1935 wurde er im mittleren Westaustralien, südlich vom Wendekreis des Steinbocks, wieder mehrfach gesehen (S e r v e n t y u. W h i t t e l l 1976). Südöst-

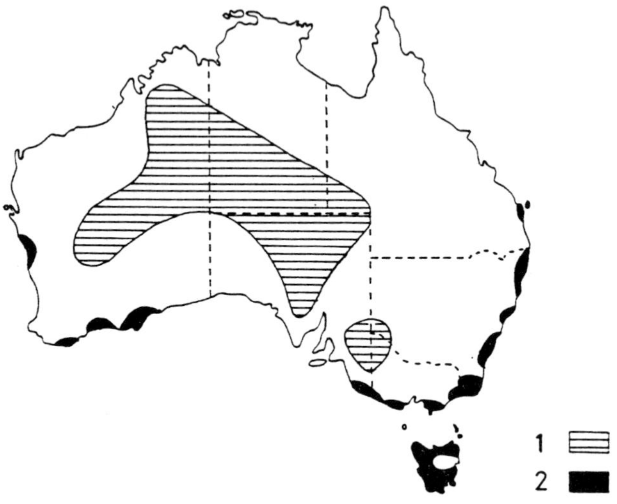

Abb. 4. Verbreitung des Nachtsittichs, *Geopsittacus occidentalis* (1) und des Erdsittichs, *Pezoporus wallicus* (2). Nach Forshaw u. Cooper 1981

lich von Derby, am Südrand der Kimberleys, wurden in den Jahren 1933 bis 1936 von einem Lastwagenfahrer, der Wolle aus dem Landesinnern zur Küste transportierte, mehrfach nachts im Scheinwerferlicht einzelne Sittiche vom Weg aufgescheucht. Nach der vorliegenden Beschreibung und nach der nächtlichen Lebensweise der Tiere kann es sich nur um Nachtsittiche gehandelt haben, obwohl die Art vorher noch nicht so weit nördlich beobachtet worden war (Storr 1980). Seit dieser Zeit fehlte jedoch jede weitere, gesicherte Beobachtung des Nachtsittichs, doch wurden mehrfach von Farmern in verschiedenen Teilen Westaustraliens nächtlich lebende Sittiche gemeldet, die aus den gegebenen Schilderungen mit einiger Sicherheit als Nachtsittiche angesprochen werden konnten. Außerdem wurden mehrfach frische Nester gefunden. Erst Ende 1961 gelang in der Nähe von Alice Springs in Zentralaustralien wieder ein einwandfreier Nachweis dieser Art (Newsome). Da der Nachtsittich in den unwirtlichsten und nahezu unbesiedelten Gebieten Zentralaustraliens zu Hause ist, deren Landschaft vom Menschen noch in keiner Weise beeinflußt wurde, und die auch von den eingeführten europäischen Füchsen und verwilderten Hauskatzen weitgehend verschont geblieben sind, ist jedoch anzunehmen, daß sich die Art dort noch erhalten hat und bei gründlicherer Erforschung des Landes wieder häufiger nachgewiesen werden wird. Außerdem scheint der Nachtsittich, wie zahlreiche Kleinvögel Zentralaustraliens, bei ausgedehnten Dürreperioden weit umherzuwandern. Er kann daher in einem Gebiet jahrelang fehlen und dann plötzlich wieder auftauchen. Auf diese Weise ist vermutlich auch seine relative Häufigkeit in Westaustralien zwischen 1875 und 1885 zu erklären.

Wie der Erdsittich, so ist auch der Nachtsittich ein ausgesprochener Bodenvogel, der nur selten aufbaumt. Dementsprechend sind auch seine Krallen kürzer und weniger gekrümmt als bei anderen Sittichen. Gleichzeitig ist er der einzige wirklich nächtlich lebende Papageienvogel Australiens. Hierin entspricht er dem Eulenpapagei aus Neuseeland. Er geht erst lange nach Sonnenuntergang auf Nahrungssuche und kommt mehrmals im Verlauf der Nacht zur Tränke. Die Tiere landen unmittelbar am Wasser, machen ein paar hastige Schlucke und fliegen sofort wieder auf. An der Tränke lassen sie einen langgezogenen melancholischen Pfiff hören, während sie bei Gefahr einen zweisilbigen, lauten und grellen Ruf ausstoßen. Der Flug ist relativ langsam und flatternd und stets ohne Bogen. Die Tiere fliegen immer nur für kurze Strecken dicht über dem Boden. Im Gegensatz zum Erdsittich lassen sie sich zur Landung aber nicht plötzlich nach unten fallen, sondern gleiten im Schwebeflug allmählich zur Erde (Serventy u. Whittell 1976).

Der Nachtsittich ist völlig auf die Spinifexgebiete spezialisiert. Die Samen dieses Grases scheinen seine einzige Nahrung zu sein, und selbst das Nest wird in einem Büschel des Stachelschweingrases angelegt. Seine Nistweise ist einzigartig. Neben dem Erdsittich ist er der einzige australische Sittich, der nicht in einem Astloch brütet, und zudem einer der wenigen Papageien der Welt, die ein wirkliches Nest bauen. Der gebräuchlichste deutschsprachige Name Höhlensittich ist daher völlig unzutreffend und irreführend, da gerade dieser Sittich als große Ausnahme eben nicht in einer Höhle brütet. Er sollte daher durch die zutreffendere Bezeichnung Nachtsittich ersetzt werden.

Im Gegensatz zum Erdsittich brütet der Nachtsittich nicht unmittelbar am Boden, sondern in einer selbstgeformten Kammer im Zentrum eines Spinifexbüschels einige Zentimeter über der Erde. Die Nestkammer ist von außen durch einen engen Tunnel zugänglich, der von den Eltern im dichten Spinifexbüschel geschaffen wird. Dieser Tunnel beginnt am Rand des Büschels unmittelbar am Erdboden und steigt von dort zur Nestkammer an, in der einige Zweige zu einer kleinen Plattform zusammengetragen werden. Sie soll vermutlich in erster Linie das brütende Weibchen und die Eier vor den spitzen Nadeln des Spinifexgrases schützen (McGilp 1931). Die einzige andere Kleinvogelart, die regelmäßig im stachligen Spinifexgras brütet, der Gemalte Astrild *(Emblema picta)*, trifft ähnliche Schutzvorkehrungen.

Das Gelege des Nachtsittichs besteht aus 4 bis 5 reinweißen Eiern. Über seine Brutzeit ist nichts bekannt. Es ist jedoch anzunehmen, daß sie sich unabhängig von der Jahreszeit nach den Regenfällen richtet und nicht an bestimmte Monate gebunden ist.

Der Nachtsittich wurde nur selten in Menschenobhut gehalten. Ein einzelnes Exemplar gelangte 1867 nach Europa und hat dort 2 Monate im Londoner Zoo gelebt. Auch 1873 kam wieder ein Nachtsittich in den Londoner Zoo.

3. Gattung Pezoporus Illiger, Erdsittich

Durch die unauffällige, grüne Färbung, die schwarze Querwellung des Gefieders und durch den völligen Übergang zum Bodenleben nimmt die Gattung *Pezoporus* unter den Plattschweifsittichen ebenfalls eine Sonderstellung ein. Zweifellos steht sie *Geopsittacus* sehr nahe. Inwieweit beide Gattungen sogar Synonyme darstellen, ist zur Zeit ungeklärt (Forshaw 1981). Nur eine Art.

4.1. *Pezoporus wallicus* (Kerr)
Erdsittich
Engl. Ground Parrot, Swamp Parrot, Button-grass Parrot

Verbreitung: Küstengebiete vom südlichen Queensland (Wide Bay) über Neusüdwales, Victoria und Südaustralien bis nach Südwestaustralien (Perth), ferner in Tasmanien; hier und an einigen Stellen von Neusüdwales auch in größerer Entfernung von der Küste (Karte Abb. 4).

Als Bodenbewohner und Bodenbrüter fällt der Erdsittich besonders leicht den Füchsen und herumstreunenden Katzen zum Opfer. Außerdem werden seine Gelege nicht selten durch das Abbrennen weiter Grasflächen zerstört. Er ist daher in vielen Teilen seines Verbreitungsgebietes sehr selten geworden oder gänzlich verschwunden. Noch in den ersten Jahren unseres Jahrhunderts kam der Erdsittich in großer Zahl in der unmittelbaren Umgebung von Sydney vor. Heute wird er dort nur noch vereinzelt beobachtet. Auch aus Queensland, Victoria und Südaustralien liegen nur noch wenige Nachweise vor (McColl 1957). In Westaustralien, wo er um die Jahrhundertwende zwischen Perth und Albany relativ häufig war, scheint er sogar nahezu ganz verschwunden zu sein. Nur in Tasmanien, wo Füchse und Katzen sich weniger ausgebreitet haben, scheint er – namentlich an der Westküste – noch relativ häufig zu sein und ist selbst in der Nähe der Stadt Hobart wiederholt gesehen worden.

Bei allen Bestandsangaben muß jedoch seine unauffällige Lebensweise berücksichtigt werden. Von allen australischen Sittichen ist er farblich am besten an seine Umgebung angepaßt und hervorragend getarnt. Er lebt versteckt in dicht bewachsenen unzugänglichen Heide- und Sumpflandschaften und bringt sich bei Gefahr laufend und rennend in Sicherheit. Daher wird er auch von guten Beobachtern leicht übersehen und ist vielleicht doch noch häufiger, als aufgrund seiner spärlichen Nachweise angenommen wird.

Der Erdsittich bewohnt baumlose sumpfige Küstenebenen, die mit Riedgräsern und heideartigen kniehohen Zwergsträuchern bestanden sind. In Tasmanien ist er relativ streng an eine einzige Grasart *(Mesomelaena sphaerocephala)* gebunden, weshalb er nach dem englischen Namen dieses Grases vielfach als „Button-grass-Parrot“ bezeichnet wird. Auf dieser Insel trifft man den Erdsittich auch in einigen ausgedehnten Sumpflandschaften im Innern bis zu 700 m über dem Meeresspiegel an (McColl 1957). Vom australischen Festland ist dagegen nur ein einziges Vorkommen in größerer Meereshöhe (300 m) bekannt (Barren Grounds Faunal Reserve, Neusüdwales). Die tasmanischen Sumpfgebiete weisen einen besonders ärmlichen Boden auf, der keine Weidewirtschaft und damit auch keine menschliche Besiedlung zuläßt. Es ist daher anzunehmen, daß sich die Art dort auch weiterhin halten wird.

Es gibt Hinweise, daß die Habitatwahl des Erdsittichs mit den in seinem Verbreitungsgebiet vorkommenden Flächenbränden in Zusammenhang steht (Meredith 1984). In Gebieten, die mit Sträuchern bewachsen sind, finden sich die Erdsittiche drei bis vier Jahre nach dem Feuer wieder ein und die Population erreicht schon nach fünf Jahren ihren maximalen Wert. Dann nimmt die Population wieder ab und nach zwanzig bis fünfundzwanzig Jahren sind die Erdsittiche wieder restlos abgewandert. Dort, wo Gräser das bestimmende Element der Vegetation sind, erscheint *Pezoporus* schon nach zwei bis drei Jahren. Doch baut sich die Population hier weniger schnell auf. Erst fünfzehn Jahre nach dem Feuer stellt sich die größte Populationsdichte ein. In beiden Fällen hängt der Zeitpunkt der Wiederbesiedlung vom Deckungsgrad der Vegetation ab – erst wenn diese dicht genug ist, bietet sie *Pezoporus* den notwendigen Schutz. Die Unterschiede hinsichtlich der Populationsdichte werden offenbar von der in beiden Gebieten voneinander abweichenden Samenproduktion der jeweiligen Nahrungspflanzen des Erdsittichs bestimmt. – Die klimatischen Bedingungen im Verbreitungsgebiet des Erdsittichs sind sehr unterschiedlich. Während er im Norden subtropische Zonen bewohnt, ist das Klima in Tasmanien gemäßigt, und die Sümpfe im Binnenland sind im Winter regelmäßig für längere Zeit mit Schnee bedeckt.

Von allen australischen Papageien – mit Ausnahme des Nachtsittichs – ist der Erdsittich der ausgeprägteste Bodenvogel. Hierauf nimmt auch sein wissenschaftlicher Gattungsname (*Pezoporus* – „der zu Fuß gehende") Bezug. Er ist ein guter Läufer, aber ein schlechter Flieger, der sich normalerweise niemals vom Boden erhebt. Auch bei Gefahr versucht er zunächst laufend auszuweichen, und fliegt erst im letzten Augenblick auf. Die längste Flugstrecke, die beobachtet wurde, beträgt nach Hindwood etwa 200 m, die kürzeste nur knapp 5 m. Seine Flugweise erinnert an einen Hühnervogel. Er erhebt sich mit schnellen, kurzen und relativ lauten Flügelschlägen, macht scharfe zick-zack-artige Wendungen und schaltet zwischendurch kurze Gleitflüge ein. In der Regel bleibt er unmittelbar über der niedrigen Pflanzendecke und läßt sich unvermittelt zur Erde fallen, wobei er den Flug durch ein paar kräftige Flügelschläge abbremst. Bei der Landung berührt er den Boden zuerst mit der Brust. Im Flug ist die hellgelbe Flügelbinde deutlich sichtbar.

Niemals setzt sich der Erdsittich auf einen Zweig oder Ast. Seine Füße sind an das Bodenleben angepaßt, Zehen und Krallen sind relativ lang und nicht so stark gekrümmt wie bei anderen Papageienvögeln. Erdsittiche sollen einen eigenartigen strengen Geruch aufweisen. Deshalb werden sie auch leicht von Jagdhunden aufgestöbert und von Jägern geschossen, die sie im ersten Augenblick für Wachteln halten.

Die Nahrung besteht aus den Samen von verschiedenen Sumpfgräsern (Cyperaceae, Restionaceae) und Zwergsträuchern, doch scheinen daneben auch Beeren und kleine Insekten aufgenommen zu werden (Sharland 1958). Früher wurde der Erdsittich in der Umgebung von Sydney an den Blütenröhren von Orchideen *(Diuris)* beobachtet. Erdsittiche sind Einzelgänger, die sich auch außerhalb der Brutzeit niemals zu Gruppen zusammenschließen.

Lautäußerungen waren lange Zeit nicht bekannt, bis Bevege (Emu 1968) feststellte, daß die Vögel sehr wohl von ihrer Stimme Gebrauch machen und sogar über eine ganze Anzahl verschiedener, in der Regel sehr hoher und weittragender Rufe verfügen. Diese Lautäußerungen sind jedoch jeweils nur in einer kurzen, etwa 20 bis 30 min währenden Zeitspanne in der Morgen- und Abenddämmerung zu hören. Während dieser Rufperioden fliegen die Tiere gelegentlich sogar freiwillig, d. h. ohne aufgescheucht zu werden (s. o.), über kurze Strecken. Normalerweise antworten sich benachbarte Tiere gegenseitig auf ihre Rufe, wodurch bei dichterer Population fast der Eindruck eines „Chorgesanges" entsteht. – Die biologische Bedeutung der Rufperioden ist noch nicht bekannt. Möglicherweise dienen sie dem Kontakt dieser sonst aus „Sicherheitsgründen" sehr versteckt und zurückgezogen lebenden Bodenbewohner.

Wie der Nachtsittich, so brütet auch der Erdsittich am Boden. Das Nest wird unter einem Strauch oder einem Grasbüschel angelegt, wo es in der Regel sehr gut getarnt ist. Zunächst scharrt der Vogel im losen Sandboden nach Hühnerart mit einem Bein eine flache Mulde. Dieses hühnerartige Scharren konnte ich auch bei den Laufsittichen von Neuseeland *(Cyanoramphus)* beobachten (S. 69). In der ausgescharrten Mulde trägt der Erdsittich eine kleine unordentliche Plattform zusammen. Seine Bauweise zeigt große individuelle Unterschiede. Manche Paare bauen kein Nest, sondern legen die Eier auf den nackten Erdboden. Andere errichten ein richtiges flaches Nest mit einem Durchmesser von etwa 15 cm und einer Tiefe von 5 cm (Hodges 1961). Auch das Baumaterial variiert je nach dem Lebensraum. Es besteht aus trockenen Grashalmen, trockenen Blättern, Farnstengeln, Wurzeln und kleinen Ästen. Hodges (1961) fand ein Nest, das ausschließlich aus etwa 10–15 cm langen Zweigen errichtet war. Die Nestmulde wird nicht besonders ausgepolstert. Das Gelege besteht aus 2 bis 6 rundlichen, weißen, relativ glanzlosen Eiern. Eigröße 22:27 mm. Brutzeit im Frühling und Frühsommer, von September bis Dezember. Bei der Mauser, die sich an die Brutzeit anschließt, scheint der Erdsittich alle Schwung- und Schwanzfedern auf einmal zu verlieren und vorübergehend flugunfähig zu sein (Hinsby).

Der Erdsittich hat durch seine für einen Sittich außergewöhnliche Färbung und durch seine Lebensweise früh die Aufmerksamkeit der Naturforscher auf sich gezogen. Er wurde 1790 von dem englischen Ornithologen Dr. John Latham beschrieben, nach dem heute die Gattung *Lathamus* (Schwalbensittich) benannt ist. Der Franzose Labillardiere gibt 1792 eine ausführliche Beschreibung der Lebensgewohnheiten dieses Vogels, den er während einer Expedition der „Entrecasteaux" in Tasmanien beobachten konnte. In der Mitchell Library in Sydney existiert eine farbige Zeichnung des Erdsittichs aus dem Jahre 1791 oder 1792.

Auch der Erdsittich wurde nur selten nach Europa importiert. Ein einzelnes Exemplar war 1865 im Zoologischen Garten von London. Die Zucht ist bisher noch nicht gelungen. Gegenwärtig scheint kein einziger Erdsittich in Europa gehalten zu werden.

4. Gattung Melopsittacus Gould, Wellensittich

Die Gattung *Melopsittacus* wird von den meisten Autoren in die Nähe der Gattung *Pezoporus* gestellt. Holyoak (1973) betrachtet *Melopsittacus* als die ursprünglichere Form und schlägt für sie einen eigenen Tribus vor, um die Sonderstellung innerhalb der Plattschweifsittiche (Platycercinae) zu verdeutlichen. Forshaw (1981) vermutet, daß *Melopsittacus* die beiden Gattungen *Pezoporus* und *Neophema* miteinander verbindet. Smith (1975) ordnet *Melopsittacus* zwischen den Gattungen *Geopsittacus* und *Neophema* innerhalb der Platycercini ein. Brereton (1963) faßt die Gattungen *Melopsittacus*, *Geopsittacus* und *Pezoporus* sogar zu einer eigenen Familie (Pezoporidae) zusammen. Die systematische Einordnung der Gattung *Melopsittacus* bereitet auch deshalb Schwierigkeiten, da grundlegende Untersuchungen zur Systematik der Gattungen *Geopsittacus* und *Pezoporus* noch nicht vorliegen. Nach Homberger (1980) hat sich *Melopsittacus* schon „(...) sehr früh vom ursprünglichen Platycercini-Stamm gelöst und sich in Anpassung an die extremen Lebensbedingungen zu einem hochspezialisierten Grassamenfresser entwickelt (...)".

4.1. *Melopsittacus undulatus* (Shaw)

Wellensittich

Engl. Budgerigar (auch Budgerygah geschrieben), Shell-Parrot, Shell-Parakeet, Love-Bird (der letztgenannte Name wird allerdings auch auf die afrikanischen *Agapornis*-Arten bezogen).

Verbreitung: Inlandgebiete von Australien (Karte Abb. 31).

Der Wellensittich ist der kleinste aller Plattschweifsittiche. Er ist gleichzeitig die häufigste australische Sittichart und eine der zahlenmäßig häufigsten Vogelarten dieses Erdteils überhaupt. Allerdings kann sein Bestand – wie bei allen australischen Inlandvögeln – außerordentlich großen Schwankungen unterworfen sein (s. u.). Wie die meisten Vogelarten, die das gesamte Zentrum des Kontinents bewohnen, zeigt der Wellensittich keinerlei Unterartenbildung (Mayr, Emu 1951, Keast 1961). Die Gründe für diese Erscheinung werden bei der Besprechung des Nymphensittichs diskutiert (S. 118 f.).

Der wilde Wellensittich ist grün mit gelbem Kopf und dunkel quergewelltem Rücken (genaue Beschreibung s. Michaelis 1964). Diese Tatsache muß insofern besonders hervorgehoben werden, als im Verlauf der Domestikation eine große Anzahl von Farbspielarten aufgetreten ist, von denen einige heute bereits häufiger gehalten werden als die wildfarbene Form. Allerdings treten einzelne dieser Farbmutationen ganz selten einmal auch in Freiheit auf (Steiner 1932, af Enehjelm 1957). Sie scheinen aber infolge ihrer größeren Auffälligkeit besonders leicht Feinden zum Opfer zu fallen und daher in der Regel nicht sehr alt zu werden. Außerdem sind sie im allgemeinen gegenüber der Wildfarbe rezessiv, so daß ihre Nachkommen wieder grün gefärbt sind. Abnorm gefärbte Individuen sind übrigens auch bei anderen Papageien aus der Freiheit bekannt (af Enehjelm 1957).

Der Wellensittich kann mit Recht als der typische Inlandvogel Australiens bezeichnet werden. An seinem Beispiel lassen sich nahezu alle besonderen Probleme erörtern, denen die Bewohner der extrem trockenen Halbwüsten im Innern des Erdteils gegenüberstehen, und alle Anpassungen aufzeigen, mit denen sie ihnen begegnen. Er ist über den ganzen Kontinent verbreitet und meidet als ausgesprochener Bewohner offener Landschaften lediglich die Waldgebiete im äußersten Nordosten und Südwesten des Landes. Im Osten scheint er das große (und ebenfalls bewaldete) australische Randgebirge nicht zu überschreiten. In den übrigen Teilen Australiens bleiben lediglich die eigentlichen Küstenstreifen unbesiedelt (vgl. Karte Abb. 31). Auch in Tasmanien fehlt er. Herrscht im Innern des Kontinents große Dürre, die die Tiere zum Abwandern zwingt, dann tauchen Wellensittiche allerdings gelegentlich auch in Gegenden auf, in denen sie sonst fehlen. So drangen im Herbst und Winter 1951 plötzlich große Scharen in die Südwestecke Australiens ein, erreichten bei Perth sogar die Küste und wurden selbst an mehreren Orten der Darling Ranges gesehen, einer dicht bewaldeten Hügelkette, die absolut keinen geeigneten Lebensraum für den Wellensittich darstellt (Serventy u. Whittell 1976). Ähnliche Beispiele sind aus Ostaustralien bekannt. In der Regel bleiben die Tiere nur ganz kurze Zeit. Brutversuche kommen nur ausnahmsweise vor. Allerdings scheint es noch nicht bekannt zu sein, ob derartige Invasionsvögel später wieder in das Landesinnere zurückwandern oder ob sie infolge der für sie ungünstigen Lebensbedingungen allmählich zugrunde gehen.

Unabhängig von diesen gelegentlichen „Ausbrüchen" aus dem eigentlichen Verbreitungsgebiet zeigt der Wellensittich in neuerer Zeit die Tendenz, auch die Grenzen seines Brutgebietes allmählich küstenwärts zu verschieben. Er brütet heute schon in Gegenden, in denen er vor 50 Jahren – abgesehen von gelegentlichen Invasionen – völlig unbekannt war. Diese Erscheinung ist von mehreren australischen Inlandvögeln, darunter auch mehreren Sittichen (vgl. u. a. Nymphensittich, Rosella), bekannt und wahrscheinlich sowohl auf das ständig trockener werdende Klima als auch auf menschliche Waldrodungen zurückzuführen. Beide Faktoren lassen die geschlossenen Vegetationsformationen in Australien immer weiter zusammenschrumpfen und erweitern damit den Lebensraum der Bewohner offener Landschaften.

Auch innerhalb seines großen Verbreitungsgebietes ist das Vorkommen des Wellensittichs in neuerer Zeit kontinuierlicher geworden: der Mensch schuf Staudämme und künstliche Wasserstellen für das Vieh und machte es damit vielen Vogelarten möglich, in Gegenden zu leben, wo sie früher infolge Wassermangels dauerhaft oder periodisch fehlten.

Eine der kennzeichnendsten Eigenschaften des Wellensittichs, die wiederum mit seiner geographischen Verbreitung in ursächlichem Zusammenhang steht, ist seine nomadische Lebensweise. Sie wurde bereits im einleitenden Kapitel ausführlich geschildert (S. 11). Durch sie werden die Tiere in die Lage versetzt, jeweils die Gebiete mit den besten Lebensbedingungen aufzusuchen, und ein günstiges Nahrungsangebot rasch und so vollständig wie möglich auszunutzen. – Eine zweite Anpassung an den Lebensraum ist die Lage der Brutzeit. Der Wellensittich ist für die Jungenaufzucht auf halbreife Sämereien angewiesen, die nur dann vorhanden sind, wenn Regenfälle eine neue Vegetationsperiode ausgelöst haben. Da der Regen in Inneraustralien unregelmäßig auftritt, ist auch der Wellensittich nicht an bestimmte Monate des Jahres gebunden, sondern richtet sich mit seiner Fortpflanzung ausschließlich nach den Regenfällen. Eine gewisse Gesetzmäßigkeit läßt sich nur insofern feststellen, als die Regenfälle im Süden seines Verbreitungsgebietes häufiger im Winterhalbjahr, im Norden häufiger im Sommerhalbjahr eintreffen, so daß im Süden besonders häufig in den Frühjahrsmonaten Oktober und November, im Norden dagegen im Februar und März frische Gelege zu finden sind. Doch kann – wie gesagt – in allen Gegenden auch in allen anderen Monaten gebrütet werden. Auch auf diese Eigenschaft wurde in den einleitenden Kapiteln bereits hingewiesen.

Wie die meisten Inlandvögel Australiens reagieren die Wellensittiche erstaunlich schnell auf einsetzende Regenfälle, beginnen sofort zu balzen und zu kopulieren und gehen auf Nistplatzsuche. Schon nach wenigen Tagen werden die ersten Eier gelegt. Eine derart schnelle Reaktion setzt natürlich umfangreiche physiologische Anpassungen der Gonaden und der sie beeinflussenden Organe (Hypophyse, Zwischenhirn) voraus, die alle zum großen Komplex der „Trockenanpassungen" gehören, der in den letzten Jahren ein besonders großes Interesse von seiten der Biologen gefunden hat und von verschiedenen Gesichtspunkten her auch experimentell untersucht wurde und wird.

Wyndham (1983) vermutet, daß die Wanderungen und das Brutgeschehen im Inland zusätzlich von einer gewissen Jahresperiodik beeinflußt werden. Bewegungen in nördlicher Richtung während der kühlen Monate und solche in südlicher Richtung während der warmen Monate führen die Vögel in geeignetere Gebiete als Wanderungen in andere Richtungen.

Zu den Anpassungen des Wellensittichs an die Trockenheit gehören auch Besonderheiten im Wasserhaushalt: die amerikanischen Ornithologen Cade u. Dybas (1962) stellten fest, daß Wellensittiche im Experiment bei einer Temperatur von 30 °C und einer relativen Luftfeuchtigkeit von nur 30 Prozent (was durchaus den natürlichen Bedingungen in manchen Teilen Inneraustraliens entspricht) bis zu 38 Tage lang ohne einen Tropfen Wasser auskommen können. Bei 20 °C scheinen sie sogar auf unbestimmte Zeit ohne Wasser leben zu können. Das ist besonders erstaunlich, wenn man bedenkt, daß die Nahrung des Wellensittichs fast ausschließlich aus trockenen Sämereien besteht und er daher auch mit der Nahrung wesentlich weniger Wasser aufnimmt als etwa ein Insekten- oder Nektarfresser. Hierdurch wird besonders deutlich, wie tiefgreifend die physiologischen Anpassungen bei dieser Art sein müssen. Auch bei freiem Wasserangebot trinken die Tiere weniger als andere Vögel gleicher Körpergröße.

In diesem Zusammenhang wird nun auch eine Tatsache verständlich, die jedem Beobachter wildlebender Wellensittiche sofort auffällt und die bereits von John Gould in der ersten Hälfte des 19. Jahrhunderts beschrieben worden ist: die Tiere sind für gewöhnlich ausgesprochen „langweilig“; sie sitzen stundenlang – namentlich während der heißesten Tageszeit – nahezu bewegungslos in hohen Eukalyptusbäumen. Nur am frühen Morgen und am späten Abend sind sie etwas munterer. In völligem Gegensatz dazu steht ihr Verhalten bei Regenfällen, wo sie von morgens bis abends eine geradezu sprudelnde Aktivität entfalten. Die Erklärung hierfür ist denkbar einfach: jede Körperbewegung erhöht den Sauerstoffverbrauch und vergrößert damit auch die Wassermenge, die bei der Ventilation der Lunge durch Verdunstung verlorengeht, d. h., sie belastet letztlich auch den Wasserhaushalt. Das ist um so mehr der Fall, je höher die Lufttemperatur ist, weil warme Luft mehr Wasserdampf aufnehmen kann als kühle. Die geringe Aktivität der Wellensittiche stellt also einfach eine Maßnahme dar, die respiratorische Wasserabgabe so weit wie möglich einzuschränken. Nur wenn überall genügend Wasser zur Verfügung steht (d. h. nach Regenfällen), wenn die Tiere also so oft trinken können wie sie wollen, können sie sich auch eine größere Aktivität „leisten“.

Trotz der Fähigkeit, längere Zeit ohne Wasser auszukommen, die zweifellos in erster Linie eine Anpassung für den „Notfall“ darstellt, halten sich Wellensittiche nach Möglichkeit in der Nähe von Wasser auf (periodische oder permanente Wasserläufe, Felslöcher, neuerdings auch Viehtränken). In unregelmäßigen Abständen über den Tag verteilt kommen die Vögel zur Tränke (Wyndham 1980). In großen Dürrezeiten, wenn eine Wasserstelle nach der anderen austrocknet, unternehmen die Tiere auf der Suche nach Wasser große Wanderungen (s. o.) und konzentrieren sich schließlich an den letzten verbliebenen Wasserstellen. Dann kommt es zu Massenansammlungen von Hunderttausenden und Millionen von Wellensittichen, die ein eindrucksvolles Schauspiel darstellen und daher wiederholt ausführlich beschrieben worden sind. Dabei fallen die Tiere in solchen Massen über die teilweise nur winzigen Wasserflächen her, daß sie sich gegenseitig ins Wasser drängen und zu Tausenden ertrinken. So berichtet ein Farmer aus Zentralaustralien, daß er während der besonders lang andauernden Dürreperiode im Jahre 1931 nicht weniger als 5 Tonnen ertrunkener Wellensittiche aus einem einzigen künstlichen Teich fischte und etwa 30000 Stück aus einem Nachbarteich. Ein anderer Farmer holte 60000 tote Wellensittiche aus seiner Viehtränke. Ein Jahr später, als die Dürre immer noch anhielt, unternahm eine Filmgesellschaft eine Expedition nach Zentralaustralien, um dieses Schauspiel zu filmen, und trotz der ständigen millionenfachen Verluste war die Luft noch immer schwarz vor Wellensittichen und die Büsche und Bäume, auf denen die Tiere sich niederließen, schienen aus der Ferne wie mit gelbgrünen Blüten übersät (Chisholm 1958). Das mag vielleicht den besten Eindruck davon geben, in welchen ungeheuren Individuenzahlen der Wellensittich Zentralaustralien bevölkert. Wenn er während der Dürrezeiten auch ungeheuer große Verluste hinnehmen muß und weite Landstriche vollständig entvölkert werden, so genügen bei der großen Fruchtbarkeit der Tiere schon einzelne Regenfälle, die eine oder mehrere Bruten auslösen, um die ursprüngliche Populationsstärke rasch wieder zu erreichen.

Wie erwähnt, halten sich Wellensittiche nach Möglichkeit am Ufer periodischer Wasserläufe auf. Die unmittelbare Umgebung dieser „Creeks“ ist fast stets von einzelnen hohen Eukalyptusbäumen (zumeist *Eucalyptus camaldulensis*) bestanden. In ihren Kronen verbringen die Sittiche den größten Teil des Tages. Und weil sie dabei sehr träge herumsitzen, sich kaum bewegen (s. o.) und kaum rufen (s. u.) und weil das Grün ihres Gefieders mit dem der Eukalyptusblätter weitgehend übereinstimmt, sind sie dort hervorragend getarnt. Oft entdeckt man sie erst, wenn sie wenige Meter vor den Augen des herannahenden Menschen abfliegen. Sie vertrauen also weitgehend auf ihre gute Tarnfarbe, verharren bei Gefahr möglichst lange regungslos und ergreifen buchstäblich erst im letzten Augenblick die Flucht. – Über die natürlichen Feinde der Wellensittiche ist kaum etwas bekannt. Verschiedene Autoren erwähnen lediglich, daß sie gelegentlich von kleinen Falken im Flug geschlagen werden. Der größte „Feind“ dieser Art ist zweifellos der Wasser- und Nahrungsmangel in Dürrezeiten.

Bei einigermaßen normalen Lebensbedingungen bilden die Wellensittiche kleine Gruppen von etwa 10–50 Tieren. Da ein großer Eukalyptusbaum eine solche Gruppe mühelos „schluckt“, werden die meisten Wellensittiche vom flüchtigen Beobachter übersehen, und ihre wahre Anzahl kommt erst zur Zeit der großen Schwärme zum Bewußtsein, die sich nicht mehr so leicht „verbergen“ können. Die ausgesprochen heimliche Lebensweise in „normalen“ Zeiten ist sicher auch der Grund dafür, warum die Biologie des Wellensittichs in Freiheit trotz seiner an sich großen Häufigkeit nur mangelhaft erforscht ist, viel lückenhafter als die mancher wesentlich selteneren zentralaustralischen Vogelart.

Nur zum Trinken und zur Nahrungssuche kommen die Wellensittiche auf den Boden. Die Nahrung besteht fast ausschließlich aus Grassamen, gelegentlich auch aus Samen verschiedener Kräuter. Sie werden besonders gern in halbreifem Zustand aufgenommen, doch ist das nur nach Regenfällen möglich (s. o.), während sie zur übrigen Zeit nur trocken zur Verfügung stehen. Im Gegensatz zu anderen Sitticharten scheinen zusätzliche Nahrungsstoffe (Früchte oder Insekten) beim freilebenden Wellensittich kaum eine Rolle zu spielen: Lea u. Gray (Emu 1935) fanden bei ihren umfangreichen Kropf- und Magenuntersuchungen stets nur Sämereien, und in der übrigen Literatur finden sich die gleichen Angaben. Lediglich Worden fand in den

Abb. 5. Spinifexlandschaft *(Triodia)* in Zentralaustralien, der Lebensraum des Nachtsittichs *(Geopsittacus occidentalis)*. Aufn. Immelmann

Abb. 6. Mulgalandschaft *(Acacia)* im Innern von Westaustralien, der Lebensraum des Bourkesittichs *(Neopsephotus bourkii)*. Aufn. Immelmann

Abb. 7. Bourkesittich *(Neopsephotus bourkii)*. Aufn. Nicolai

Abb. 8. Elegantsittich *(Neophema elegans)*. Aufn. Kujawa

Abb. 9. Der Lebensraum des Klippensittichs *(Neophema petrophila)* an der westaustralischen Küste. Aufn. Immelmann

Abb. 10. Glanzsittich *(Neophema splendida)*. Aufn. Vogels

Abb. 11. *Eucalyptus*-Hochwald in Südwestaustralien. In den Spitzen dieser Bäume hält sich der Rotkappensittich *(Purpureicephalus spurius)* auf. Aufn. Immelmann

Abb. 12. Trockener *Eucalyptus*-Wald in Südwestaustralien, der Lebensraum von Stanley- *(Platycercus icterotis)* und Ringsittich *(Barnardius zonarius)*. Aufn. Immelmann

Abb. 13. Stanleysittich *(Platycercus icterotis)*, Weibchen. Aufn. Vogels

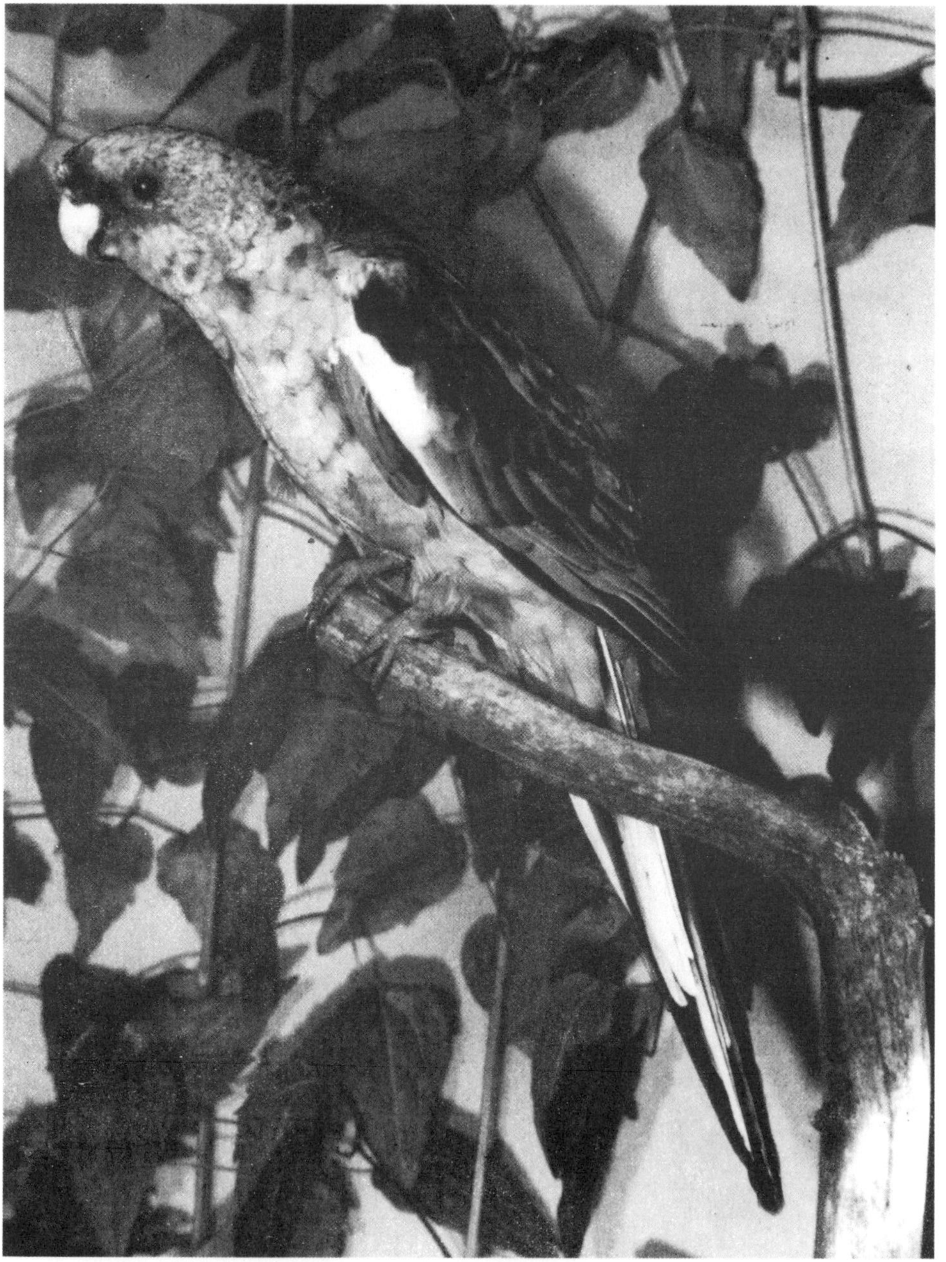

Abb. 14. Gelbbauchsittich *(Platycercus caledonicus)*. Aufn. Vogels

Abb. 15. Pennantsittich *(Platycercus elegans)*. Aufn. Weisser in Voliere Mez, Marbach

Abb. 16. Blaßkopfrosella *(Platycercus adscitus)* in Imponierhaltung mit gespreiztem Schwanz. Aufn. Weisser in Voliere Mez, Marbach

Abb. 17. Blaßkopfrosella *(Platycercus adscitus)*. Die Schuppenzeichnung des Rückens ist allen *Platycercus*-Arten eigen. Aufn. Vogels

Abb. 18. Lichte *Eucalyptus*-Savanne in Nordaustralien, der Lebensraum des Blaßkopfrosellas *(Platycercus adscitus)*. Aufn. Immelmann

Abb. 19. Brownssittich *(Platycercus venustus)*. Aufn. Weisser in Voliere Mez, Marbach

Abb. 20. Rosellasittich *(Platycercus eximius)*. Aufn. Vogels

Abb. 21. Baur's Ringsittich *(Barnardius z. zonarius)*. Aufn. Vogels

Abb. 22. In Ost-, Südost- und Westaustralien bewohnen zahlreiche Plattschweifsittiche (in erster Linie *Platycercus-*, *Barnardius-* und *Psephotus-*Arten) heute offene Ackerbau- und Weidegebiete. Die Abbildung zeigt die Umgebung von York in Westaustralien. Aufn. Immelmann

Abb. 23. Barnardsittich *(Barnardius barnardi)*. Aufn. Vogels

Abb. 24. Mulgalandschaft *(Acacia)* in Südaustralien, der Lebensraum des Blutbauchsittichs *(Psephotus haematogaster)*. Aufn. Immelmann

Abb. 25. Rotsteißsittich *(Psephotus haematogaster haematorrhous)*. Aufn. Vogels

Abb. 26. Hoodedsittich *(Psephotus chrysopterygius dissimilis)*. Das Männchen (oben) trägt eine schwarze Kappe. Aufn. Weisser in Voliere Mez, Marbach

Abb. 27. Termitenhügel (künstlich geöffnet). Die zahlreichen Höhlen und Gänge werden von dem Goldschultersittich *(Psephotus chrysopterygius)* als Nisthöhlen genutzt. Aufn. Immelmann

Abb. 28. Singsittich *(Psephotus haematonotus)*. Aufn. Vogels

Abb. 29. Blaukappensittich *(Polytelis alexandrae)*. Aufn. Weisser in Voliere Mez, Marbach

Abb. 30. Das ausgetrocknete Bett eines periodischen Wasserlaufs („Creek“) in Zentralaustralien. In den hohen Bäumen *(Eucalyptus camaldulensis)* entlang der Ufersäume brütet der Blaukappensittich *(Polytelis alexandrae)*. Aufn. Immelmann

Abb. 31. Verbreitung des Wellensittichs, *Melopsittacus undulatus.* Nach Forshaw u. Cooper 1981

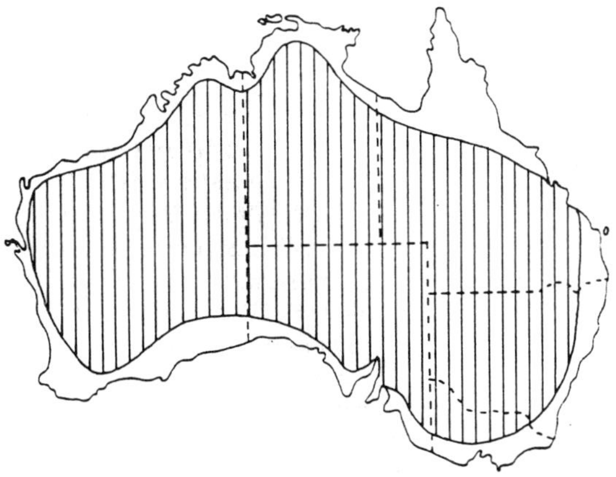

Kröpfen wildlebender Wellensittiche auch einige Insekten. – Beim Fressen am Erdboden sind die Tiere völlig still, und auch in den Bäumen schwatzen sie nur leise vor sich hin. Sie gehören zu den ruhigsten australischen Papageien, ganz im Gegensatz zu den lauten Rufen vieler Wellensittiche in Menschenobhut. Lediglich in den großen Schwärmen machen die Vögel häufiger von ihrer Stimme Gebrauch.

Die Flugweise ist sehr unterschiedlich. Große Schwärme haben einen relativ reißenden Flug mit scharfen Wendungen nach Art der Starenschwärme, während Einzelvögel und kleine Gruppen langsam mit angedeutetem Bogen fliegen. Auch können die Tiere, namentlich vor dem Landen, längere Strecken mit wachtelartig nach unten gebogenen Flügeln segeln.

Wellensittiche brüten in Astlöchern hoher Eukalyptusbäume (meist wiederum *Eucalyptus camaldulensis*). Sie legen die Eier auf den Mulm am Höhlenboden und tragen keinerlei Nistmaterial ein. Häufig brüten mehrere Paare in einem Baum möglichst nahe beieinander. Das scheint nicht nur auf den infolge der geringen Anzahl hoher Bäume in Zentralaustralien ständig herrschenden Mangel an Nisthöhlen zurückzuführen zu sein: denn man kann feststellen, daß die Tiere auch dann sehr eng zusammenrücken, wenn im weiteren Umkreis durchaus noch geeignete Höhlen unbesetzt sind. Vielmehr scheint es sich hier abermals um eine ganz spezielle Anpassung an die besonderen Lebensbedingungen in Zentralaustralien zu handeln. Es ist seit langem bekannt und in einigen Fällen auch experimentell nachgewiesen worden, daß sich bei gesellig brütenden Vogelarten die einzelnen Brutpaare durch ihr Balz- und Nestbauverhalten gegenseitig anregen und dadurch ihre Gonadenentwicklung gegenseitig beschleunigen können. Diese Erscheinung ist von der amerikanischen Zoologin Barbara Brockway (1964) auch gerade am Wellensittich im Experiment untersucht worden: eine Gruppe wurde paarweise isoliert gehalten, andere Gruppen wurden in Gemeinschaftsräumen so untergebracht, daß jeweils mehrere Paare einander sehen und/oder hören konnten. Es zeigte sich, daß die Männchen in den letztgenannten Gruppen wesentlich mehr balzten und zwitscherten und auch wesentlich schwerere Hoden und Samenleiter hatten als die Männchen der isolierten Paare. Es ist deshalb anzunehmen, daß die gesellige Nistweise des Wellensittichs in Freiheit ganz einfach schon deshalb vorteilhaft ist, weil durch die damit mögliche gegenseitige Beeinflussung ihre Gonaden schneller reifen, so daß die Tiere nach Regenfällen möglichst rasch zu brüten beginnen und die kurze Vegetationsperiode so gut wie möglich für die Fortpflanzung ausnutzen können (s. o.).

Im Freileben konnte allerdings für das Brutgeschehen in den Kolonien keine Synchronisation zwischen den verschiedenen Paaren festgestellt werden (Wyndham 1981). Vermutlich liegen der geselligen Nistweise noch andere Faktoren zugrunde. Es ist in diesem Zusammenhang interessant, daß auch viele andere australische Kleinvögel im Zentrum des Erdteils gesellig nisten, darunter selbst solche Arten, die in Küstennähe Einzelbrüter sind.

Das Gelege besteht aus 3–5 (gelegentlich bis zu 8) Eiern. Eimaße von 9 Eiern aus dem Gebiet der Barlee Range: 17,2–19,1 : 14,1–15,0 mm (Serventy u. Whittell 1976). – Bei günstigen Lebensbedingungen machen Wellensittiche mehrere Bruten nacheinander. Jungtiere werden rasch geschlechtsreif und können sich schon im Alter von etwa drei Monaten fortpflanzen. Auch das ist wiederum eine Anpassung an den Lebensraum: durch eine derartige Frühreife stehen in günstigen Zeiten außerordentlich schnell sehr viele zusätzliche Brutvögel zur Verfügung, die das Vermehrungspotential der Art ganz beträchtlich vergrößern.

Insgesamt kann man sagen, daß der Wellensittich eine Vogelart ist, die es durch eine Fülle erstaunlicher Anpassungsleistungen geschafft hat, in einer absolut lebensfeindlichen Umwelt nicht nur zu überleben, sondern zu einem ihrer zahlenmäßig häufigsten Bewohner zu werden. Und an dieser Stelle muß noch auf eine besonders interessante Beziehung hingewiesen werden: viele der geschilderten Umweltanpassungen des Wellensittichs (große Fruchtbarkeit, frühe Geschlechtsreife, Brutfähigkeit zu allen Jahreszeiten, gesellige Lebensweise u. v. a. m.) sind Eigenschaften, die gerade bei einem Käfig- und Volierenvogel sehr geschätzt werden und die sicher in entscheidendem Maße zu seiner großen Beliebtheit beigetragen haben. Das heißt, der Wellensittich war schon von seiten dieser Umweltanpassungen her geradezu prädestiniert, vom Menschen domestiziert zu werden, und es ist sicher kein Zufall, daß auch eine zweite Vogelart, die als Käfig- und Volierenvogel immer häufiger und beliebter wird, der Zebrafink *(Taeniopygia guttata castanotis)*, aus dem gleichen zentralaustralischen Lebensraum kommt und daher die gleichen Anpassungserscheinungen entwickelt hat.

Über die Geschichte der Domestikation des Wellensittichs, über seine Haltung und Züchtung in Menschenobhut und über die aufgetretenen Farbspielarten und ihre Vererbung berichtet der erwähnte Band von H. J. Michaelis (1964), so daß darauf an dieser Stelle nicht eingegangen zu werden braucht.

5. Gattung Neopsephotus Mathews, Bourkesittich, Rosenbauchsittich

Der Bourkesittich wird von vielen Autoren zur Gattung *Neophema* gezählt. Von dieser sehr einheitlichen Artengruppe unterscheidet er sich jedoch so erheblich (Lebensweise, Körperbau, Färbung), daß von Boetticher (1964) ihn in eine eigene Gattung, *Neopsephotus*, gestellt hat. Homberger (1980) nimmt an, daß die Gattungen *Neophema* und *Neopsephotus* schon relativ früh und unabhängig voneinander eine von den übrigen Plattschweifsittichen abweichende Entwicklungsrichtung eingeschlagen haben: „Im Gegensatz zu *Neopsephotus* weist *Neophema* bereits

abgeleitete, Platycercini-typische Merkmale auf, so daß *Neopsephotus* die früher vom Hauptstamm abgespaltene Form repräsentieren dürfte." Mischlinge des Bourkesittichs mit anderen Sittichen sind nicht bekannt. Auch diese Tatsache spricht dafür, daß er unter den heute lebenden Arten keine näheren Verwandten hat und – wie Wellen- und Nymphensittich – recht isoliert steht (Nicolai, pers. Mitt.).
Nur eine Art.

5.1. *Neopsephotus bourkii* (Gould)
Bourkesittich, Rosenbauchsittich
Engl. Bourke Parrakeet

Verbreitung: Das Verbreitungsgebiet des Bourkesittichs umfaßt das Innere des australischen Kontinents vom südwestlichen Queensland und dem äußersten Westen von Neusüdwales bis zum nördlichen Südaustralien und dem östlichen und mittleren Westaustralien. Die genauen Grenzen seines Vorkommens sind jedoch unbekannt, und auch über seine Häufigkeit liegen sehr unterschiedliche Angaben vor, eine Tatsache, die vermutlich auf die unregelmäßigen Wanderungen dieser Art zurückzuführen ist.

In Neusüdwales wurde der Bourkesittich von 1845 bis 1910 an verschiedenen Stellen regelmäßig beobachtet. Danach aber fehlt plötzlich jeder weitere Nachweis, obwohl es möglich ist, daß sich auch dort noch einzelne Populationen bis zum heutigen Tag gehalten haben (McGill 1960). In Westaustralien dagegen ist sein Schicksal genau umgekehrt. Dort wurde er bis 1936 überhaupt nur viermal nachgewiesen (Ford 1961). 1938 beobachtete Carnaby einen Schwarm von etwa 100 Tieren zwischen dem Ashburton River und dem Gascoyne River. Danach fehlte jahrelang wieder jeder Nachweis, und der Bourkesittich galt in Freiheit als nahezu ausgestorben. Greenway nahm ihn 1958 in die Liste der ausgestorbenen und aussterbenden Vögel der Erde auf. Erst im Verlauf der letzten Jahre hat die Art in ihrem Bestand wieder zugenommen, und die Gefahr des Aussterbens scheint für die nahe Zukunft gebannt.

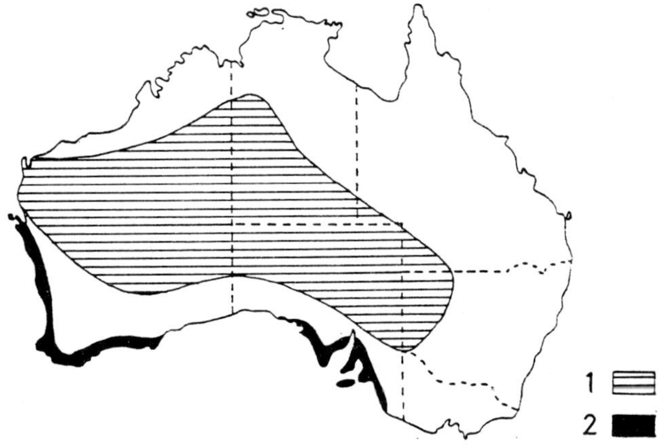

Abb. 32. Verbreitung des Bourkesittichs, *Neopsephotus bourkii* (1) und des Klippensittichs, *Neophema petrophila* (2). Nach Forshaw u. Cooper 1981

Als erster hat Sedgwick 1950 darauf hingewiesen, daß der Bourkesittich in der Nähe von Leonora seit einigen Jahren relativ häufig und in schneller Bestandszunahme begriffen sei. Seither mehren sich die Beobachtungen aus verschiedenen Teilen Westaustraliens. Während meines Aufenthaltes im Südwesten des Erdteils begegnete ich an mehreren Stellen kleinen Flügen von 10 bis 30 Tieren. Ford (1961) veröffentlichte eine Übersicht über die Ausbreitung des Bourkesittichs. Diesem Bericht zufolge ist er in den Mulgasteppen Südwestaustraliens heute wieder eine häufige Erscheinung. In der Gegend von Wiluna wurden Schwärme von mehr als 200 Tieren beobachtet, und um Leonora ist er die weitaus häufigste Papageienart, wesentlich häufiger als Rosakakadu, Vielfarbensittich oder Kragensittich. Bei Warroora und Hamelin Point hat er inzwischen sogar die Westküste Australiens erreicht. Möglicherweise handelt es sich lediglich um eine vorübergehende Bestandszunahme, wie sie bei vielen australischen Vogelarten zu verschiedenen Zeiten immer wieder zu beobachten ist.

Verschiedene Anzeichen deuten jedoch darauf hin, daß ein dauerhaftes Ansteigen des Bestandes zu erwarten ist: die Bestandsschwankungen des Bourkesittichs in Westaustralien scheinen mit der Entwicklung der Schafzucht in Zusammenhang zu stehen. Bis zum Ende der dreißiger Jahre war die Mulgazone eines der Hauptschafzuchtgebiete Westaustraliens. Es wurden teilweise wesentlich mehr Schafe je Flächeneinheit gehalten, als ohne Schaden für die natürliche Vegetation ernährt werden konnten. Die Folge dieser Überbestockung war ein unbeschreiblicher Raubbau am Pflanzenwuchs. Über weite Gebiete starben Sträucher und Grasunterwuchs vollständig ab. Dem Bourkesittich waren damit Nahrungsquellen und Nistmöglichkeiten genommen, und der Rückgang der Sittichpopulation war eine natürliche Folge der Schafhaltung. Von 1937 bis 1940 wurde Westaustralien dann von einer Reihe katastrophaler Dürreperioden heimgesucht, denen Millionen von Schafen zum Opfer fielen. Ihr Bestand wurde bis zum heutigen Tage nicht mehr auf die ursprüngliche Zahl erhöht. Damit begann die natürliche Pflanzendecke, sich wieder zu erholen. Ganz allmählich stellten sich auch die günstigen Nahrungsbedingungen für den Bourkesittich wieder ein, der seit der Mitte der vierziger Jahre in zunehmender Zahl beobachtet wird und sich in den letzten Jahren immer schneller auszubreiten scheint. Dabei scheint er heute in einigen Gebieten häufiger zu sein, als er es – auch vor dem Beginn der Schafzucht – jemals gewesen ist, und kommt in Gegenden vor, in denen er früher niemals gesehen wurde.

Der Bourkesittich bewohnt offene Strauchsteppen, die mit *Acacia aneura* („Mulga"), *Acacia tetragonophylla* und verschiedenen *Cassia*- und *Eremophila*-Arten bestanden sind (Abb. 6). Die Samen dieser Sträucher bilden seine Hauptnahrung, während der spärliche Gras- und Krautunterwuchs der Steppen, der bei Trockenheit völlig abstirbt, nur wenig zu seiner Ernährung beizutragen vermag. Die Tiere leben in kleinen Familienverbänden und vereinigen sich nur bei anhaltender Trockenheit zu größeren Schwärmen.

Der Bourkesittich wird immer wieder als Dämmerungsvogel bezeichnet. Das ist nicht ganz richtig. Ein wirklicher Dämmerungsvogel, wie etwa der Ziegenmelker (Nachtschwalbe), verrichtet alle wesentlichen Handlungen (Nahrungssuche, Balz, Jungenaufzucht) in der Dämmerung und bis tief in die Nacht hinein (Nicolai, pers. Mitt.). Das ist beim Bourkesittich keineswegs der Fall. Er geht zwar in den frühen Morgen- und späten Nachmittagsstunden auf Nahrungssuche und verbringt die Zeit der größten Hitze (etwa 10–16 Uhr) im spärlichen Schatten eines Strauches oder Baumes, doch gilt diese Tageseinteilung in mehr oder minder starkem Ausmaß für alle Tagvögel Inner- und Nordaustraliens. Während der eigentlichen Dämmerung trifft man den Bourkesittich dagegen niemals bei der Nahrungssuche an. Lediglich zur Tränke kommen die Tiere vor Sonnenaufgang und nach Sonnenuntergang, oftmals schon bei fast völliger Dunkelheit. Das ist aber wiederum eine Eigenschaft, die nahezu alle inneraustralischen Kakadus, Sittiche und Tauben auszeichnet. In hellen Mondscheinnächten sind diese Arten sogar die ganze Nacht hindurch aktiv.

Von allen australischen Papageien zeichnet sich der Bourkesittich durch seine große Zutraulichkeit und seine ruhige Wesensart aus. In Freiheit ist er ausgesprochen unauffällig. Auf dem rötlichen Sandboden der Mulgasteppen, wo er lautlos der Nahrungssuche nachgeht, ist er vorzüglich getarnt, und vielfach wird man erst auf ihn aufmerksam, wenn er ganz dicht vor den Füßen vom Boden auffliegt. Hat man eine fressende Gruppe rechtzeitig entdeckt, so kann man sich ihr bei großer Vorsicht ohne weiteres bis auf wenige Meter nähern. – Die große Zutraulichkeit dieser Sittiche wird von allen Beobachtern hervorgehoben. Auf der Suche nach Wasser kommen die Tiere bis an die Farmbrunnen, in die Gärten und selbst auf die Sonnenveranden der Farmhäuser. Der Bourkesittich ist also ein echter Kulturfolger, und es ist daher zu hoffen, daß er auch bei zunehmender Besiedlung des Landes nicht mehr verdrängt werden wird.

Bourkesittiche fliegen in der Regel dicht über dem Erdboden in angedeutetem, aber nicht sehr ausgeprägtem Bogenflug. Sie fliegen normalerweise nur über kurze Entfernungen, legen aber auf der Nahrungssuche oft weite Strecken „zu Fuß" zurück. – Auch in bezug auf seine Stimme nimmt der Bourkesittich eine Sonderstellung ein. Ganz im Gegensatz zu den lauten Schwärmen der Rosellas vernimmt man von einer Gruppe Bourkesittiche mitunter stundenlang keinen Laut. Die einzige Lautäußerung, die ich in Freiheit hörte, war ein leises Plaudern, wenn die Tiere in einem Mulgastrauch saßen und sich von den letzten Strahlen der Abendsonne bescheinen ließen.

Bourkesittiche brüten in Astlöchern etwa 1–3 m über dem Boden. Die Eier werden ohne Nistmaterial auf dem Mulm abgelegt, der sich am Boden derartiger Astlöcher ansammelt. Das Gelege besteht aus 4 bis 5 Eiern. Das brütende Weibchen wird regelmäßig vom Männchen gefüttert. Das Weibchen sitzt außerordentlich fest. Es verläßt das Nest normalerweise nur ein einziges Mal am Tag, um sich zu entleeren und zu trinken. Das Männchen hält sich während der ganzen Brutzeit in unmittelbarer Nähe des Nestes auf. Die Jungen sind mit rauchgrauen Flaumfedern bedeckt. Sie verlassen das Nest im Alter von knapp 4 Wochen und werden anschließend noch für 8 bis 10 Tage von den Eltern gefüttert, bis sie selbständig sind (MacGillivray 1914).

Der Bourkesittich wurde 1835 von Sir Thomas L. Mitchell am Bogan River (Neusüdwales) entdeckt und nach dem damaligen Gouverneur von Neusüdwales, Sir Richard Bourke, benannt. Die korrekte deutschsprachige Schreibweise des Namens ist daher Bourkesittich, und nicht Bourkssittich oder Bourksittich, wie von vielen Autoren fälschlich angegeben wird. 1841 wurde der Vogel von John Gould erstmals beschrieben und abgebildet.

Im South Australian Museum befindet sich ein Balg einer hellen Mutante des

Bourkesittichs. Der Vogel, der bei Henbury im Nordterritorium erlegt wurde, weist die gleiche Farbverteilung auf wie der normale Wildvogel, doch sind die roten und braunen Farbtöne ganz wesentlich heller ausgebildet. In Menschenobhut sind inzwischen ebenfalls Farbmutationen des Bourkesittichs aufgetreten.

Bourkesittiche sind sehr angenehme Volierenvögel. Zwei Eigenschaften, die bei anderen Sittichen sehr oft lästig werden, fehlen ihnen völlig: sie nagen und schreien nicht, außerdem sind sie sehr verträglich und können bedenkenlos auch mit kleinen Prachtfinken zusammen gehalten werden. Ihr einziger Nachteil ist, daß sie tagsüber relativ träge sind und erst am Abend munter werden. Gegenüber tiefen Temperaturen und Nässe sind Bourkesittiche empfindlich. Im Gegensatz zu allen anderen Plattschweifsittichen scheinen sie niemals zu baden. Sie lassen sich aber gern besprengen oder nehmen ein Regenbad. Das Paar hält innig zusammen, doch kraulen sich die Tiere niemals im Gefieder.

Bourkesittiche schreiten leicht zur Brut und ziehen ihre Jungen in der Regel fehlerfrei groß. – Der Bourkesittich gelangte 1867 zum ersten Mal in den Londoner Zoo und wurde bereits Ende des vorigen Jahrhunderts relativ häufig auch nach Deutschland importiert.

6. Gattung Neophema Salvadori, Grassittiche, Ziersittiche

Die systematische Stellung der Gattung *Neophema* und die Beziehungen zu den übrigen Gattungen innerhalb der Platycercini sind noch nicht restlos geklärt. Aufgrund eines morphologischen Merkmals (Pineal-Organ) gliedern R e n z o n i u. W a t t e r s (1975) die Grassittiche in die Unterfamilie Psittaculidae ein, da Übereinstimmungen mit den Königssittichen *(Alisterus)* und den Rotflügelsittichen *(Aprosmictus)* bestehen. C o u r t n e y (1974) geht von der Annahme aus, daß es sich um die ursprünglichsten Plattschweifsittiche handelt – alle übrigen Gattungen hätten sich demzufolge aus einer *Neophema*-ähnlichen Stammform entwickelt.

Innerhalb der Gattung *Neophema* lassen sich zwei distinkte Artengruppen unterscheiden. Die erste Gruppe umfaßt die Arten *elegans*, *chrysostoma*, *chrysogaster* und *petrophila.* Sie haben ein blaues Stirnband, sind überwiegend grün oder gelbgrün gefärbt und haben tiefblaue Flügeldecken. Zur zweiten Artengruppe gehören *N. pulchella* und *N. splendida.* Bei ihnen ist die blaue Farbzone am Kopf wesentlich weiter ausgedehnt und umfaßt Stirn, Zügel, Wangen und Kehle. Auch die Oberseite der Flügel ist leuchtend hellblau gefärbt. Außerdem haben sie rote Gefiederpartien auf den Flügeln *(pulchella)* oder der Brust *(splendida).* Offensichtlich stellt die zweite Gruppe die abgeleitete dar (H o m b e r g e r 1980).

Die Arten der Gattung *Neophema* gehören zu den elegantesten und von den Vogelliebhabern begehrtesten Plattschweifsittichen. Die zierlichen kleinen Sittiche sind ausgesprochene Bodenvögel und Bewohner relativ geschlossener Vegetationsformationen, die sich den größten Teil des Tages im dichten Strauchunterwuchs oder unmittelbar am Boden aufhalten, wo sie auch der Nahrungssuche nachgehen. Sie laufen und rennen geschwind über weite Strecken und klettern außerordentlich geschickt auch durch das dichteste Gezweig. Ihre Nahrung besteht vorwiegend aus Grassamen. Bei Gefahr versuchen sie, sich zunächst laufend und kletternd in Sicherheit zu bringen und fliegen erst im letzten Augenblick auf. In der Regel fliegen sie nur ein kurzes Stück dicht über dem Boden dahin und fallen schon nach kurzer Zeit wieder ein. Auf größeren Strecken dagegen, namentlich auf ihren Wanderungen und auf dem Zug, können sie in so große Höhen aufsteigen, daß sie für das unbewaffnete Auge nicht mehr erkennbar sind. Sie fliegen in etwas unregelmäßigen Zickzack-Linien mit teilweise sehr scharfen Wendungen. Ihr Flugbild erinnert an Limicolen, aber auch an die Loris, namentlich den kleinen Buntlori *(Psitteuteles versicolor)*. Im Flug kommen die leuchtend gefärbten Flügelunterseiten und Schwanzaußenfedern hervorragend zur Geltung. Die farbigen Abzeichen dienen vermutlich dem Schwarmzusammenhalt.

Die *Neophema*-Arten bewohnen die südliche Hälfte des australischen Kontinents und dringen – mit einer einzigen, erst in allerneuester Zeit bekanntgewordenen Ausnahme – nicht in den tropischen Norden vor. Das Verbreitungsgebiet der Gattung reicht vom mittleren Westaustralien über das Zentrum bis zum südlichen Queensland und umfaßt den ganzen Südosten und Süden des Erdteils. Lediglich *Neophema elegans* dringt bis nach Nordwestaustralien vor. Zwei Arten *(Neophema chrysostoma* und *N. chrysogaster)* sind auch in Tasmanien heimisch. Sie scheinen dort regelmäßig Zugvögel zu sein, die nur im Sommer ihre Brutgebiete aufsuchen und im Herbst über die Baßstraße nordwärts ziehen. Ihre Winterquartiere liegen im Südosten des australischen Festlandes. Es sind die einzigen Plattschweifsittiche, die mehr oder minder regelmäßige Wanderungen ausführen. Die übrigen Arten streifen nur bei Wasser- oder Nahrungsmangel unregelmäßig umher oder weichen besonders tiefen Temperaturen im äußersten Süden des Kontinents aus.

Bei der Balz richtet sich das Männchen vor dem Weibchen auf, fächert den Schwanz und hebt die Flügel an.

Mit Ausnahme von Klippen- und Goldbauchsittich werden alle Ziersittiche in Europa häufig gehalten und regelmäßig gezüchtet. Als typische Grassamenfresser bevorzugen sie kleinere Sämereien. Neben einem Gemisch aus Hirse und Spitzsamen sollte regelmäßig Grünfutter gereicht werden. Heute sind die Grassittiche in der Haltung weitaus weniger problematisch als in früheren Jahren. Gegen Kälte und Nässe sind sie empfindlicher als die größeren Arten der Plattschweifsittiche. Da sie sich viel auf dem Volierenboden aufhalten, ist auf Wurmbefall zu achten. Dem Pfleger gegenüber sind Grassittiche sehr vertraut, werden schnell zahm und haben eine im Vergleich zu anderen Sittichen leise wohltönende Stimme. Bei der Haltung ist zu bedenken, daß alle Ziersittiche in Freiheit im dichten Unterwuchs leben und daß sie daher auch in den Volieren ausreichende Deckung brauchen. – Klippensittiche brüten im Gegensatz zu den meisten Plattschweifsittichen nicht in Baumhöhlen. Um sie zu züchten, muß man künstliche „Felshöhlen“ schaffen, indem man Steine aufeinandertürmt und zwischen ihnen große Zwischenräume freiläßt. Die neuerdings aufgetauchte Behauptung, die *Neophema*-Arten seien polygam und die Männchen könnten daher mit mehreren Weibchen zur Brut angesetzt werden, entbehrt jeder Grundlage. Wie alle Sittiche leben die *Neophema-Arten* in strenger Einehe, und die Partner halten sehr innig und vermutlich für das ganze Leben zusammen.

Abb. 33. Verbreitung des Elegantsittichs, *Neophema elegans* (1), des Goldbauchsittichs, *N. chrysogaster* (2) und des Schönsittichs, *N. pulchella* (3). Nach Forshaw u. Cooper 1981

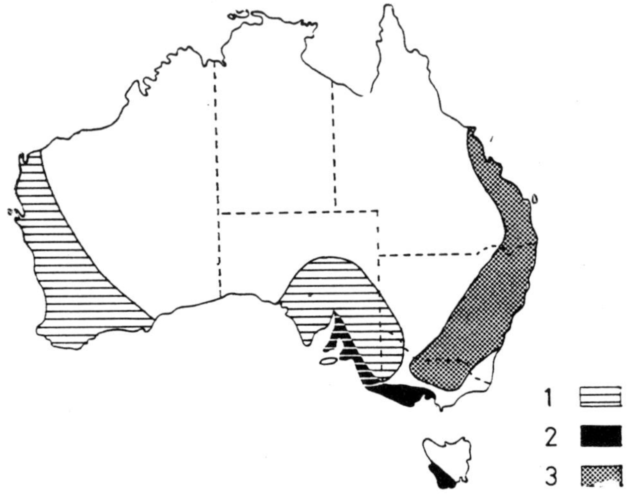

6.1. *Neophema elegans* (Gould)
Elegantsittich, Schmucksittich
Engl. Elegant Parrot, Elegant Grass-Parrot

Verbreitung: Victoria, Südaustralien, südliches und mittleres Westaustralien (Karte Abb. 33).

Dieser kleine, fast meisenartig flinke Sittich gehört zu den häufigsten *Neophema*-Arten. In Westaustralien ist er seit etwa 20 Jahren in ständiger Zunahme begriffen und hat außerdem sein Verbreitungsgebiet ausgedehnt. Seit 1937 dringt er in die Eukalyptuswälder im äußersten Südwesten des Erdteils ein. So erschien er 1937 in Boyup, 1938 in Bridgetown und 1943 in Coolup im Swan River Distrikt. In der Nähe der westaustralischen Hauptstadt Perth wurde er 1945 zum erstenmal gesehen und ist dort in den letzten Jahren relativ häufig geworden. Außerhalb der Brutzeit wurden bereits Schwärme von bis zu 50 Tieren beobachtet. Ende der 50er Jahre erreichte die Art das Gebiet der Flüsse Murchison und Gascoyne. Auch in anderen Teilen Südwestaustraliens wird der Elegantsittich immer häufiger (Serventy u. Whittell 1976). Die Bestandszunahme und das Vordringen in küstennahe Gegenden hängt zweifellos mit der zunehmenden Besiedlung Westaustraliens und der damit verbundenen Rodung weiter Waldgebiete zusammen. Geschlossene Hochwälder werden vom Elegantsittich völlig gemieden. Sobald aber durch Rodung größere Lichtungen entstehen, findet er geradezu ideale Lebensbedingungen mit ausreichenden Nahrungsquellen und Nistmöglichkeiten. So ist der Elegantsittich im Hochwaldgürtel auf die Rodungsgebiete in unmittelbarer Nähe der Siedlungen beschränkt. Von Lichtung zu Lichtung vordringend, war es ihm möglich, den Hochwaldgürtel ganz zu durchqueren und auf der anderen Seite bis zu den waldfreien Küstenebenen vorzustoßen, die er 1945 erreichte und die er seither in zunehmendem Maße besiedelt hat.

Ein weiterer Grund für die Ausbreitung des Elegantsittichs ist der Anbau von

Klee in Südwestaustralien. Die Samen dieser Futterpflanze, die stellenweise auch verwildert ist, scheinen heute in manchen Gegenden seine hauptsächliche Nahrung zu sein. Aus diesem Grund kommt der Elegantsittich vielfach bis in die Nähe der Farmhäuser. Seine natürliche Nahrung sind Grassamen, in den Küstenebenen namentlich die Samen von Sumpfgräsern. Daneben nimmt er auch Früchte verschiedener Garten- und Wildpflanzen.

Nach den Angaben von M e e s (1961) wurde im April 1959 ein einzelner Elegantsittich im Pilbara-Distrikt erlegt. Dieses Gebiet liegt im nördlichen Mittelabschnitt Westaustraliens nördlich des Wendekreises und damit bereits innerhalb der Tropen. Es ist der weitaus nördlichste Nachweis dieser Art und zugleich der einzige Tropennachweis für die Gattung *Neophema*. Offenbar dehnt der Elegantsittich sein Verbreitungsgebiet auch in nördlicher Richtung aus.

Elegantsittiche halten sich die meiste Zeit am Boden und im dichten Strauchunterwuchs auf. Auf der Nahrungssuche sind sie auffallend ruhig und lassen nur gelegentlich ein leises Zwitschern hören, das an die australischen Staffelschwänze (Gattung *Malurus*) erinnert. Dieses Zwitschern kann am besten als „Stimmfühlungslaut" bezeichnet werden und dient vermutlich dem Zusammenhalt einer kleinen Gruppe, wenn sie in dichter Vegetation der Nahrungssuche nachgeht. Daneben läßt der Elegantsittich einen lauteren Ruf hören, der wie ein scharfes *„tsit"* klingt und entfernt an den Lockruf des Sonnenastrilds *(Neochmia phaeton)* erinnert. Dieser Ruf stellt offenbar die Verbindung über größere Strecken her und wird auch als Flugruf geäußert.

Bei Annäherung einer Gefahr bleiben die Tiere zunächst bewegungslos sitzen und werden infolge ihrer vorzüglichen Tarnfarbe leicht übersehen. Immer wieder kommt es vor, daß die kleinen Sittiche nur wenige Meter vor den Füßen des Beobachters auffliegen, ohne daß man vorher auch nur die kleinste Andeutung ihrer Anwesenheit wahrgenommen hätte. Aber auch dann fliegen sie nur ein kurzes Stück, und ehe man ihrer richtig gewahr wurde, sind sie schon wieder im Unterwuchs verschwunden. Diese australischen Strauchheiden sind außerordentlich dicht und gestalten jede Fortbewegung ungeheuer schwierig. Daher ist es völlig aussichtslos, eine solche Gruppe von Elegantsittichen wieder aufspüren zu wollen. Im Flug leuchten die gelben Außenfedern des Schwanzes auf, und auch die blauen Flügelfedern sind gut zu erkennen.

Zur Brutzeit trifft man Elegantsittiche paarweise oder in kleinen Gruppen, außerhalb der Brutzeit auch in größeren Verbänden von mehreren Dutzend Tieren. Sie brüten in Astlöchern und ausgefaulten Baumstümpfen. Das Gelege besteht aus 4 bis 5 rundlichen Eiern. Eigröße 17–18:20–21 mm. Die Brutzeit liegt im südlichen Frühjahr, d. h. in den Monaten August bis Oktober. Die meisten Gelege werden im September begonnen. Offenbar macht jedes Paar nur eine Brut.

Der Elegantsittich gelangte 1862 zum erstenmal in den Londoner Zoo und wurde bereits im vorigen Jahrhundert relativ häufig importiert und in Europa gezüchtet.

6.2. *Neophema chrysostoma* (Kuhl)

Feinsittich, Ziersittich, Blauflügliger Schönsittich
Engl. Blue-winged Parrot

Verbreitung: Neusüdwales, Victoria, südliches Südaustralien, King Island (in der Baßstraße), Tasmanien (Karte Abb. 34).

Auch der Feinsittich hat in den letzten Jahren in seinem Bestand stark zugenommen und sich – namentlich in Tasmanien – eng an den Menschen angeschlossen. In Tasmanien ist er heute der häufigste und weitestverbreitete Sittich (M c C o l l 1957). Gleichzeitig ist er von allen *Neophema*-Arten am wenigsten spezialisiert und bewohnt eine erstaunliche Vielfalt von Lebensräumen, von den geschlossenen Hochwäldern im Landesinnern bis zu ausgedehnten Heidelandschaften und offenen Wiesen unmittelbar an der Küste. Im Innern von Südwestaustralien trifft man ihn außerdem in weiten sumpfigen Ebenen, die mit Salzbusch *(Atriplex)* bestanden sind. Wahrscheinlich ist diese relative Anspruchslosigkeit auch der Grund, warum sich der Feinsittich erstaunlich rasch selbst an die vom Menschen geschaffene Kulturlandschaft angepaßt hat.

Im äußersten Süden seines Verbreitungsgebietes, in Tasmanien und in den Küstengebieten Südaustraliens, ist der Feinsittich nur Sommervogel und wandert im Winter nach Norden ab. Im Spätherbst, wenn die Temperaturen in Tasmanien bis in Gefrierpunktnähe absinken, sammeln sich die Sittiche zu kleinen Schwärmen bis zu 100 Tieren und ziehen über die Baßstraße zum australischen Festland. In neuerer Zeit scheinen sie jedoch auch in zunehmendem Maße in Tasmanien zu überwintern (M c C o l l 1957). Damit liefert der Feinsittich ein Parallelbeispiel zu jenen mitteleuropäischen Vogelarten, die früher im Herbst nach Süden zogen, heute jedoch größtenteils auch den Winter in ihrem Brutgebiet verbringen.

Das Winterquartier des Feinsittichs erstreckt sich bis in das nördliche Neusüdwales. Im Südwesten von Neusüdwales ist ein regelmäßiger Durchzug in nördlicher (März bis April) und südlicher Richtung (August bis Oktober) zu beobachten. Die Sittiche wandern in Gruppen von zwei bis drei Dutzend Tieren (H o b b s 1961). Möglicherweise führt der Feinsittich teilweise sogar einen Schleifenzug durch, wie er von einigen paläarktischen Vogelarten bekannt ist, d. h., Frühjahrs- und Herbstzug erfolgen auf verschiedenen Wegen.

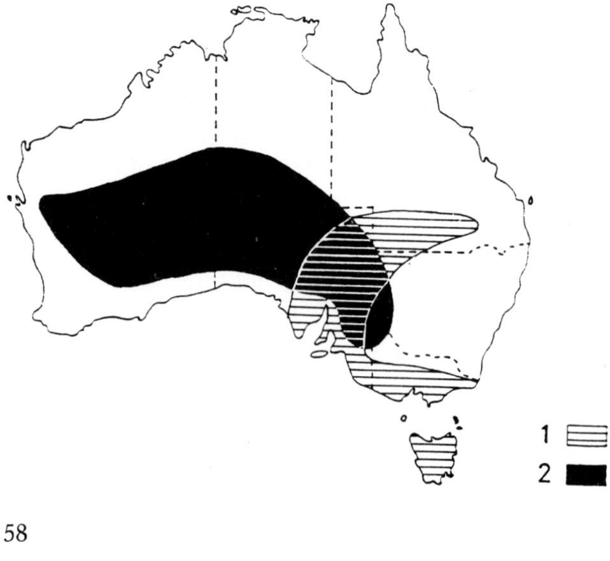

Abb. 34. Verbreitung des Feinsittichs, *Neophema chrysostoma* (1) und des Glanzsittichs, *N. splendida* (2). Nach F o r s h a w u. C o o p e r 1981

In seiner Lebensweise erinnert der Feinsittich an den Elegantsittich. Er geht auf dem Boden oder in dichter Vegetation der Nahrungssuche nach, wo er vorzüglich getarnt und nur schwer zu entdecken ist. Bei Gefahr entschließt er sich erst im allerletzten Augenblick zum Auffliegen. Sein zweisilbiger Alarmruf ist hoch und durchdringend und wird mehrmals wiederholt. Der Flugruf dagegen ist ein melodischer Pfiff, der an die Lockrufe der Dornschnäbel (Gattung *Acanthiza*) erinnert. Während der Nahrungssuche hört man nur selten ein leises schwalbenartiges Zwitschern. Mit dem gleichen Zwitschern ruft das Männchen sein Weibchen vom Nest, um es zu füttern.

Die Hauptnahrung der Feinsittiche bilden halbreife und reife Grassamen. Giblin u. Swindells (1927) erwähnen folgende Gräser als Nahrungspflanzen: *Danthonia semibarbata, D. semiannularis* und *Aira caryophyllea.* Besonders gern werden auch die Samen von Sonnentau *(Drosera peltata)*, wilder Kresse *(Stenopetalum lineare)* und Strohblumen *(Helipterum jessenii* und *H. pygmaeum)* angenommen. Lea u. Gray (1935) fanden im Kropf eines erlegten Feinsittichs neben Grassamen auch zahlreiche Spinnen. Heute hat sich die Art in vielen Gegenden auf die Samen und Früchte der verschiedensten Garten- und Ackerpflanzen umgestellt. In Tasmanien besucht sie zusammen mit dem Gelbbauchsittich *(Platycercus caledonicus)* die ausgedehnten Obstplantagen und frißt an Pflaumen, Pfirsichen, Äpfeln und Birnen. Nach der Obsternte fallen die Sittiche in den frisch ausgesäten Haferfeldern ein und ziehen die jungen Sprosse an der Spitze aus der Erde, um Sproß und Samenkorn zu verzehren.

Feinsittiche sind sehr geselligkeitsliebend. Sie schließen sich außerhalb der Brutzeit zu größeren Schwärmen zusammen und sind selbst zur Brutzeit stets in kleinen Gruppen bis zu 10 Paaren anzutreffen. Streitigkeiten scheinen sie nicht zu kennen. Auch in der Brutweise sind sie sozial. Nicht selten findet man mehrere Nisthöhlen dicht beieinander in einem einzigen Baum. Manchmal schließen sie sich auch mit Gelbbauch- und Schwalbensittichen zu gemischten Kolonien zusammen.

Sie nisten in Baumhöhlen und Astlöchern und benutzen vielfach alte Bruthöhlen von Eulen *(Ninox novae-hollandiae)*, Schwalben *(Hylochelidon nigricans)* oder vom eingeführten europäischen Star. Im Gegensatz zum Elegantsittich brütet der Feinsittich gern in größerer Höhe, etwa 6–30 m über dem Boden. Vielfach wird dieselbe Höhle mehrere Jahre nacheinander benutzt. Auf der Nistplatzsuche geht das Weibchen voran und wird vom Männchen begleitet. Die endgültige Wahl trifft immer das Weibchen. Die Nisthöhle ist etwa 30–50 cm tief. In alten und verfaulten Bäumen können sich die Tiere selbst eine Höhle graben, während sie in frischem Holz auf vorhandene Höhlen angewiesen sind. Größere Holzspäne werden herausgetragen, während aus dem feineren Material auf dem Höhlenboden eine Mulde für die Eier geformt wird. In der Regel werden so kleine Bruthöhlen ausgewählt, daß das volle Gelege ihren Boden vollständig ausfüllt. Wird dieselbe Höhle mehrmals benutzt, so wird sie vor jeder neuen Brut gründlich gereinigt. Die gesamte Arbeit am Nest obliegt dem Weibchen. Das Männchen hält sich während der ganzen Brutzeit in der Umgebung des Nestbaumes auf. Zur Fütterung landet es in der Nähe der Bruthöhle und ruft das Weibchen heraus. Beide fliegen zusammen eine kurze Strecke und lassen sich auf einem toten Ast nieder. Nach der Futterübergabe fliegen sie nochmals einige Runden, ehe das Weibchen auf das Nest zurückkehrt. Das Weibchen brütet außerordentlich fest und verläßt die Höhle bei Gefahr erst im allerletzten Augenblick. Das Gelege besteht aus 4 bis 6 Eiern. Nur in einem einzigen Fall wurden 7 Eier gefunden. Größe der Eier 16–19 × 21–23 mm (Giblin u. Swindells 1927). Die Brutzeit liegt im südlichen Frühjahr und Sommer (Oktober bis Januar).

Die Färbung des Feinsittichs zeigt große jahreszeitliche Unterschiede. So ist der gelb bis orange gefärbte Fleck auf der Körperunterseite bei Beginn der Brutzeit besonders leuchtend. Später verblaßt er und verschwindet schließlich fast völlig (Sharland 1958). Kurz vor der Mauser ist das gesamte Körpergefieder relativ blaß und macht einen sehr „abgetragenen" Eindruck. – Der Feinsittich wurde 1874 zum erstenmal nach Deutschland importiert und gelangte zuerst in den Berliner Zoo.

6.3. *Neophema chrysogaster* (Latham)
Goldbauchsittich, Grünzügeliger Schönsittich
Engl. Orange-breasted Parrot, Orange-bellied Parrot

Verbreitung: Küstengebiete von Südaustralien und Victoria, westliches und südwestliches Tasmanien, Inseln der Baßstraße (Karte Abb. 33).

Obwohl der Goldbauchsittich ohne Zweifel als nächster Verwandter des Feinsittichs anzusehen ist, unterscheiden sich beide Arten sehr stark in ihren Ansprüchen an den Lebensraum. Während sich der Feinsittich durch seine hohe ökologische Valenz auszeichnet und in einer großen Vielfalt von Biotopen zu Hause ist, ist der Goldbauchsittich gänzlich auf Meeresküsten und küstennahe Sumpfgebiete beschränkt. Er ähnelt darin dem Klippensittich, ist allerdings nicht ganz so streng spezialisiert. Im Gegensatz zum Feinsittich ist er auch nicht in ausgesprochene Kulturlandschaften vorgedrungen und ist heute überall sehr selten geworden. John Gould fand ihn 1835 in großer Anzahl auf den Actaeon-Inseln vor der tasmanischen Südküste. Obwohl diese Inselgruppe in den letzten Jahren mehrfach systematisch durchkämmt worden ist, konnte kein einziger Goldbauchsittich mehr entdeckt werden. Auch in Tasmanien ist die Art selten geworden und wird nur noch gelegentlich im Westen und Südwesten der Insel beobachtet. Wie Schwalbensittich und Feinsittich scheint auch der Goldbauchsittich in seinem tasmanischen Brutgebiet im wesentlichen nur Sommervogel zu sein, wenngleich einzelne Individuen gelegentlich auch in den Wintermonaten beobachtet worden sind. Nach Beobachtungen von D. Milledge (1972) verlassen die Tiere Tasmanien im Februar–März und kehren im Oktober–November wieder zurück. Die übrige Zeit des Jahres verbringen sie in den küstennahen Gebieten von Südaustralien und Victoria. In Neusüdwales ist der Goldbauchsittich heute ausgestorben (Forshaw 1981). Ein vereinzelter Vogel verirrte sich 1950 bis in die unmittelbare Umgebung von Melbourne. Auf den kleinen, größtenteils unbewohnten Inseln der Baßstraße scheint der Goldbauchsittich noch regelmäßig vorzukommen. In den Küstengebieten von Neusüdwales wurde er dagegen immer nur vereinzelt nachgewiesen. – Bemerkenswert ist jedoch sein massenhaftes Auftreten in der Umgebung von Sydney in den neunziger Jahren des 19. Jahrhunderts. Damals erschien er dort in solchen Mengen, daß sogar Wettschießen auf ihn veranstaltet wurden. Die Herkunft dieser Tiere bleibt unbekannt. Da gerade der Goldbauchsittich von allen *Neophema*-Arten am seltensten in Gefangenschaft gehalten wird, ist es völlig ausgeschlossen, daß es sich um entflogene Volierenvögel handelte. Vielmehr ist anzunehmen, daß in einem Teil seines Verbreitungsgebietes eine vorübergehende Übervölkerung entstanden war und ein gewisser Prozentsatz der Population daher in andere Gegenden abwandern mußte. Derartige Erscheinungen sind in der australischen Vogelwelt nicht selten. Bei besonders günstigen Lebensbedingungen, wie sie durch reichliche Regenfälle hervorgerufen werden können, brüten viele Arten mehrmals nacheinander, so daß es rasch zu einer Übervölkerung kommt. Wird das Nahrungsangebot wieder schwächer, dann bietet das Brutgebiet nicht mehr genügend Ernährungsmöglichkeiten, und ein Teil der Population muß auswandern. Allerdings halten sich die Auswanderer in den neuen Lebensräumen in der Regel nur wenige Jahre und verschwinden dann wieder völlig. Ein ähnliches Schicksal scheinen auch die Goldbauchsittiche in der Umgebung von Sydney erfahren zu haben.

Heute ist der Goldbauchsittich einer der seltensten Vögel Australiens. Die Nutzung der Küstenregionen durch den Menschen und die damit einhergehende Veränderung des Lebensraumes sind vermutlich ursächlich für den Rückgang des Bestandes auf 100–200 Individuen (Brown et al. 1985). Diese Zahl ist seit einigen Jahren konstant und umfaßt 40 Brutpaare mit einer jährlichen Produktion von 50–70 Jungtieren.

Der Goldbauchsittich brütet in ausgedehnten Riedgrasflächen *(Mesomelaena sphaerocephala)* und Sumpfgebieten der südwestlichen Küstenregion Tasmaniens. Ähnlich wie der Erdsittich *(Pezoporus)* ist auch der Goldbauchsittich auf eine niedrige und nicht zu dichte Vegetation angewiesen. Vermutlich besteht auch bei dieser Art eine Abhängigkeit von den dort vorkommenden Flächenbränden.

Die Nahrung besteht aus den Samen verschiedener Pflanzen *(Lepyrodia tasmanica, Restio complanatus)*. Während der Brutzeit verlassen die Vögel vielfach die unmittelbaren Küstengebiete, die ihnen offenbar nicht genügend Nistmöglichkeiten bieten. Sie ziehen landeinwärts, entfernen sich aber in der Regel nicht mehr als 60 bis 70 km von der Küste (Hinsby 1947). Bei Nahrungsflügen kann sich *Neophema chrysogaster* bis zu 5 km von der Bruthöhle wegbewegen (Brown et al. 1985). Er brütet in Astlöchern und hohlen Baumstümpfen unweit vom Boden. Mitunter findet man das Nest sogar in einem am Boden liegenden toten Baumstamm. Das Gelege besteht aus 4 bis 5 Eiern, die Brutzeit fällt in den südlichen Sommer (November bis Januar).

Nach Beendigung der Brut ziehen die Vögel entlang der westlichen Küste in Richtung Norden. Die Nahrung während des Zuges besteht aus *Cakile maritima*, *Chenopodium glaucum*, *Apium prostratum* und verschiedenen Gräsern. Bei Point Wilson (50 km südwestlich von Melbourne) überwintert alljährlich die Hälfte der bekannten Population (Loyn et al. 1986). Die Goldbauchsittiche übernachten hier in hohen Sträuchern *(Sclerostegia arbuscula)*. Die Nahrung besteht im Überwinterungsgebiet in erster Linie aus Gänsefußgewächsen (Chenopodiaceae). Auch der Feinsittich *(N. chrysostoma)*, der Stieglitz *(Carduelis carduelis)* und der Haussperling *(Passer domesticus)* nehmen diese Nahrungspflanzen. Vermutlich suchen die Goldbauchsittiche nur einmal täglich eine Wasserstelle auf.

In Tasmanien schließen sich einzelne Goldbauchsittiche nicht selten den Schwärmen des Feinsittichs an, mit dem sie von vielen Beobachtern häufig verwechselt werden. Auch der Goldbauchsittich ist in seinem Lebensraum hervorragend getarnt und im Gras und in den Sträuchern praktisch unsichtbar. Wie alle *Neophema*-Arten ist er ein ausgezeichneter Kletterer. Wird er einmal aufgescheucht, so steigt er jedoch im Gegensatz zu den anderen Arten sofort in große Höhen auf und fliegt in der Regel über eine weite Strecke. Seine durchschnittliche Flughöhe beträgt mehr als 30 m. Der Flugruf ist ein zweisilbiges *„ssiit-ssiit"*, das stets mehrmals wiederholt wird. In besonders schneller Folge ist es beim Aufsteigen zu hören. Es ist ein gutes Unterscheidungsmerkmal zum Feinsittich, dessen Flugruf melodischer ist (Sharland 1958).

Goldbauchsittiche wurden immer nur vereinzelt nach Europa importiert. Ein einzelnes Tier gelangte 1873 nach London. 1878 befand sich ein Goldbauchsittich im Besitz des Prinzen von Coburg (König von Bulgarien). Nach den Angaben von Dr. Burkard (Gef. Welt 1971) sind 1970 20 Goldbauchsittiche gefangen worden, von denen einige, z. T. noch nicht ausgefärbte Weibchen, nach Europa versandt wurden. Heute lebt offensichtlich kein einziger dieser Vögel mehr. Es sollte daher an dieser Stelle einmal ganz ausdrücklich darauf hingewiesen werden, daß man es als besonders verantwortungslos bezeichnen muß, wenn Angehörige einer aussterbenden Vogelart in großer Zahl gefangen und als „Handelsware" vertrieben werden. Wenn ein solcher Fang erfolgt, so sollte das nur zum Zweck einer gezielten Weiterzucht an einer ausgewiesenen Zuchtstelle erfolgen, wie es für viele gefährdete Tierarten in letzter Zeit in Zusammenarbeit mit führenden Zoologischen Gärten der Welt geschehen ist. Erst wenn auf diese Weise ein guter Stamm aufgebaut und das Weiterbestehen der Art sichergestellt ist, kann eine Abgabe von Tieren an Drittpersonen verantwortet werden.

6.4. *Neophema petrophila* (Gould)
Klippensittich, Felsen-Grassittich
Engl. Rock Parrot

Verbreitung: Küsten und Inseln von Südwest- und Südaustralien von Shark Bay (Westaustralien) bis zum Südosten von Südaustralien (Karte Abb. 32).

Von allen australischen Papageienvögeln ist der Klippensittich der ausgesprochenste Küstenbewohner. Er lebt ausschließlich auf kleinen, oft völlig baum- und strauchlosen Inseln sowie in Heide- und Sanddünenlandschaften unmittelbar an der Küste (Abb. 9). Niemals entfernt er sich weiter als einige 100 m von der Küstenlinie, ist also in seinem Lebensraum noch wesentlich spezialisierter als der Goldbauchsittich. Beide Arten scheinen sich aber weitgehend auszuschließen und nicht in denselben Gebieten vorzukommen. Der Klippensittich wirkt wie eine dunkle Ausgabe des Elegantsittichs und scheint mit diesem am nächsten verwandt zu sein. Die dunklere Tönung des Gefieders steht möglicherweise mit seinem Lebensraum in Zusammenhang. Sie kommt bei Inseltieren häufig vor.

An der australischen Westküste scheint der Klippensittich fast ausschließlich Inselbewohner zu sein und nur im Winter durch heftige Westwinde gelegentlich auf das Festland verschlagen zu werden (Serventy u. Whittell 1976). Auf Rottnest Island, einer Insel vor der westaustralischen Hauptstadt Perth, ist er eine häufige Erscheinung. An der Südküste (südlich von Kap Leeuwin) bewohnt er dagegen auch Sanddünen und Felsklippen auf der Festlandküste. In den Küstenstädten Albany und Esperance hat er sich enger an den Menschen angeschlossen und besucht sogar regelmäßig die Bahnanlagen, wo er zwischen den Gleisen nach verstreuten und zermahlenen Weizenkörnern sucht. Seine Hauptnahrung bilden die Samen von *Mesembrianthemum*, einer kriechenden, blattsukkulenten Pflanze, die weite Flächen der südaustralischen Küsten und Inseln bedeckt. Außerdem wurde er an Disteln und an der sogenannten „Eispflanze" *(Carpobrotus crystallinum)* beobachtet.

Der Klippensittich ist ein unscheinbarer Vogel, der sich am Boden zwischen dem dichten Pflanzenbewuchs verborgen hält und den man in der Regel erst dann zu Gesicht bekommt, wenn er unmittelbar vor den Füßen auffliegt. Er fliegt stets nur kurze Strecken dicht über dem Boden und verschwindet schon nach wenigen Minuten wieder in der undurchdringlichen Vegetation. Dafür bewegt er sich am Boden und im Gesträuch sehr geschickt fort. Das geringe Flugbedürfnis ist sicher ein Teil seiner Anpassung an das Leben an den Küsten und auf Inseln, wo bei den in dieser Gegend besonders häufigen Stürmen ständig die Gefahr der Verdriftung besteht. – Der Flugruf ist ein mehrfach wiederholtes zweisilbiges *„ssitt-ssett"*. – Klippensittiche leben in der Regel paarweise und scheinen sich nur selten zu kleinen Gruppen zusammenzuschließen.

Auch in seiner Nistweise unterscheidet sich der Klippensittich von den übrigen Arten der Gattung *Neophema*. Baumhöhlen und Astlöcher stehen in seinem Lebensraum nicht zur Verfügung. Er ist daher zum Felsenbrüter geworden und nistet in offenen Felshöhlen (hauptsächlich Kreidefelsen), deren Eingang vielfach dicht mit *Mesembrianthemum* umwachsen ist. Nicht selten sind die Bruthöhlen so dicht über der Wasseroberfläche, daß die Eier bei stürmischem Wetter von einzelnen Spritzern getroffen werden. Vielfach brütet er in unmittelbarer Nähe von Austernfischern und Möwen. – Der Klippensittich neigt zum Koloniebrüten, und auf manchen Felsen ist jede Klippe von einem Brutpaar besetzt. Gelegegröße 4 bis 6 Eier, Eigröße 18 × 23 mm (Serventy u. Whittell 1976). Die Brutzeit reicht von August bis Oktober. Gelegentlich machen die Tiere zwei Bruten nacheinander.

Der Klippensittich wurde nur sehr selten eingeführt. Ein Pärchen befand sich im Besitz von Dr. Russ. Gegenwärtig scheint die Art bei uns nicht gehalten zu werden. Nach Dr. Burkard (pers. Mitt.) sind Klippensittiche in Menschenobhut ausgesprochen träge und neigen in kleinen Flugräumen leicht zur Verfettung.

6.5. *Neophema pulchella* (Shaw)

Schönsittich, Turquoisinsittich

Engl. Turquoise Parrot, Turquoisine Parrot, Chestnut-shouldered Grass-Parrot

Verbreitung: Ostaustralien vom mittleren Queensland bis zur Grenze von Victoria (Karte Abb. 33).

Der Schönsittich hat ein Schicksal erfahren, das für viele Vögel Australiens, namentlich Sittiche und Tauben typisch ist. Zu Beginn der Besiedlung durch die Europäer war er sehr häufig, nahm dann aber in seinem Bestand rapide ab und galt bereits in den ersten Jahrzehnten dieses Jahrhunderts als ausgestorben. Erst in neuerer Zeit wurde er wiederentdeckt, tauchte auf einmal an den verschiedensten Stellen auf und ist heute in einigen Gegenden Ostaustraliens keine seltene Erscheinung mehr.

Der Schönsittich wurde schon 1788, kurz nach der Gründung der ersten Siedlung in Neusüdwales entdeckt und 1792 von Shaw beschrieben. John Gould begegnete ihm auf seinen Expeditionen in den Jahren 1839 und 1840 außerordentlich häufig, und auch andere Beobachter aus jener Zeit heben seine Häufigkeit hervor. Noch in den letzten Jahren des 19. Jahrhunderts war er in der Umgebung von Sydney der häufigste Sittich. Vogelhändler fingen an einem Vormittag mit Leichtigkeit mehrere Dutzend Tiere und verkauften sie in Sydney für 1 Mark je Paar (Heumann). Um die Jahrhundertwende nahm der Bestand jedoch unglaublich schnell ab. 1912 war der Schönsittich aus der Umgebung von Sydney völlig verschwunden (North), und bereits 1917 hielt Mathews ihn für ausgestorben. Sein Verschwinden war vermutlich eine Folge der zunehmenden Besiedlung, durch die der natürliche Lebensraum dieser Art mehr und mehr zerstört wurde. Vogelfänger und verwilderte Katzen mögen das ihre zu seiner Vernichtung beigetragen haben. Trotzdem bleibt das rasende Tempo verwunderlich, mit dem er verschwand. Es ist daher anzunehmen, daß auch eine Seuche für seinen Rückgang verantwortlich war, wie es von mehreren australischen Sittichen bekannt ist.

Seit dem Ende der zwanziger Jahre wurde der Schönsittich vereinzelt wieder beobachtet. 1945 tauchte er auch in der Umgebung von Sydney auf und wurde seither mehrfach in den Vororten dieser Stadt beobachtet. Inzwischen ist er in allen Teilen des Staates Neusüdwales wieder heimisch und wurde in Gruppen bis zu 40 Tieren gesehen. Seine Verbreitung ist allerdings noch fleckenhaft. In der kleinen Stadt Inverell in Neusüdwales brütet er regelmäßig unmittelbar am Rande der Siedlung und dicht neben einer häufig befahrenen Fernstraße.

Der Schönsittich bevorzugt hügeliges, relativ dicht bewaldetes Gelände und bewohnt selbst steile Felstäler. Er geht am Boden auf Nahrungssuche, wo er gut getarnt ist, und fliegt erst im letzten Augenblick auf. Dem Menschen gegenüber ist er sehr zutraulich. Er kommt bereits lange vor Sonnenaufgang zur Tränke, erscheint dann aber bis zum Abend nicht mehr. Hierin entspricht er dem Bourkesittich, während die meisten australischen Sittiche sich mehrmals am Tage an der Tränke einfinden. Am Wasser sind die Tiere sehr scheu. Sie sitzen zunächst mehrere Minuten in einem benachbarten Baum, fliegen dann unmittelbar zum Wasserrand, machen ein paar hastige Schlucke und fliegen sofort wieder ab (Frith 1952).

Die Nahrungssuche ist auf die frühen Morgen- und späten Abendstunden beschränkt, während die Tiere die Hitze des Tages im Schatten eines Baumes verbringen. Ihre Nahrung besteht aus den Samen verschiedenster Art: Gräser (*Danthonia semiannularis* und das eingeführte europäische *Hordeum murinum)*, wilder Senf *(Sisymbrium)*, Brennesseln *(Urtica urens)*, Disteln *(Carthamus lanatus)* und eine Mierenart *(Stellaria media)*.

Schönsittiche lassen ständig ein melodisches leises Zwitschern hören und stoßen im Flug einen scharfen, zweisilbigen Ruf aus. Der Flug ist unregelmäßig flatternd. Während des Fliegens wird der Schwanz teilweise ausgebreitet und die gelben Außenfedern werden sichtbar.

Schönsittiche brüten in Astlöchern von Eukalyptusbäumen, etwa 5–20 m über dem Boden. Die Bruthöhlen sind oftmals erstaunlich tief, und das Weibchen sitzt bis zu 1 m unterhalb der Eingangsöffnung. Es wird vom Männchen morgens und abends mehrmals gefüttert. Zwischendurch scheint es das Nest nicht zu verlassen (Chaffer u. Miller 1946). Von allen Beobachtern wird erwähnt, daß das Weibchen sehr fest auf den Eiern sitzt. In einem Fall konnte ein brütendes Weibchen mit der Hand gegriffen werden. Das Gelege besteht aus 4 bis 5 Eiern. Die Brutzeit des Schön-

Tafel I: 1 Glanzsittich *(Neophema splendida)*, 2 Bourkesittich *(Neopsephotus bourkii)*, 3 Schönsittich *(Neophema pulchella)*, 4 Wellensittich (Wildfarbe) *(Melopsittacus undulatus)*, 5 Nymphensittich *(Nymphicus hollandicus)*, 6 Goldbauchsittich *(Neophema chrysogaster)*, 7 Feinsittich *(Neophema chrysostoma)*, 8 Erdsittich *(Pezoporus wallicus)*

Tafel II: 1 Pennantsittich *(Platycercus elegans)*, 2 Gelbbauchsittich *(Platycercus caledonicus)*, 3 Strohsittich *(Platycercus elegans flaveolus)*, 4 Adelaidesittich *(Platycercus elegans adelaidae)*, 5 Stanleysittich *(Platycercus icterotis)*, 6 Blaßkopfrosella *(Platycercus adscitus)*, 7 Rosella *(Platycercus eximius)*

sittichs ist ausgedehnter als die der übrigen *Neophema*-Arten. Sie umfaßt die Monate August bis Dezember, doch werden gelegentlich auch im Spätsommer (bis zum Mai) noch einzelne Gelege gefunden.

Bei *Neophema pulchella* kommen in bezug auf die Farbe der Körperunterseite zwei Färbungstypen vor, eine gelbbäuchige und eine intensiv rotbäuchige Form. Da beide nach den brieflichen Mitteilungen von Chr. Krause im selben Gebiet vorkommen, handelt es sich offenbar um einen ähnlichen Polymorphismus wie bei der Gouldamadine *(Chloebia gouldiae)*. Allerdings scheinen im Gegensatz zur Gouldamadine beim Schönsittich beide Morphen jeweils getrennte Gruppen zu bilden. Dr. Burkard (pers. Mitt.) hat beide Formen gekreuzt und als Ergebnis Zwischenfarben erhalten. Offenbar ist keine der Farben dominant.

Der Schönsittich gelangte sehr frühzeitig nach Europa und wurde bereits 1861 als erste von den *Neophema-Arten* auf dem Kontinent gezüchtet (Antwerpener Zoo). Neunzig berichtet 1921 von der Zucht über vier Generationen.

6.6. *Neophema splendida* (Gould)

Glanzsittich, Rotbrüstiger Schönsittich
Engl. Scarlet-chested Parrot, Splendid Grass-Parrot

Verbreitung: Vom westlichen Neusüdwales über das nördliche Südaustralien durch die Nullarborwüste bis zum Innern von Westaustralien (Karte Abb. 34).

Der Glanzsittich ist ein typischer Inlandvogel, meidet küstennahe Gebiete und entfernt sich oft sehr weit von jeder Wasserstelle. Er ist ein naher Verwandter des Schönsittichs und vertritt diese Art im Süden und Südwesten Australiens. Obwohl er ein großes Verbreitungsgebiet hat, ist er nirgends sehr häufig. Nur in Südwestaustralien scheint er in allerneuester Zeit stark zugenommen zu haben. Dort hat er ein ähnliches Schicksal erfahren wie der Schönsittich im Osten des Kontinents. 1840 wurde er von John Gould nach einem Balg beschrieben, der am Swan River in der Nähe der Stadt Perth erbeutet worden war. Damals schien er in dieser Gegend relativ häufig zu sein. Danach fehlte nahezu 100 Jahre lang jeder Nachweis. Erst 1941 wurde die Art in Westaustralien wiederentdeckt, und zwar an der Hauptstraße der kleinen Stadt Bullabulling (Wilson). Da 1939 in der Nähe der Siedlung Wynbring in Südaustralien eine regelrechte Invasion von Glanzsittichen zu beobachten war, ist es möglich, daß sich die Art von dort entlang der Transkontinental-Bahn durch die Nullarborwüste wieder nach Westaustralien ausgebreitet hat. Auf diesem Weg sind bereits verschiedene Vogelarten von Süd- nach Westaustralien vorgedrungen, da sie an den zahlreichen Bahnstationen und kleinen Siedlungen relativ günstige Lebensbedingungen fanden. – Im Verlauf der letzten Jahre ist der Glanzsittich in Westaustralien wieder häufiger beobachtet worden, während aus dem Osten nur vereinzelte Nachweise vorliegen.

Von allen *Neophema*-Arten ist er der ruhigste und heimlichste. Er hält sich im dichten Unterwuchs auf, fliegt bei Annäherung eines Menschen nicht sofort auf, sondern verkriecht sich im Unterholz und läßt nur selten einen Ruf hören. Deshalb wird er häufig selbst von geschulten Beobachtern übersehen.

Der Glanzsittich bewohnt hügeliges Gelände, das mit Eukalyptussträuchern („Mallee"), „Mulga" und Spinifexgras bewachsen ist. Im Gegensatz zu anderen *Neo-*

phema-Arten ist er sehr ortstreu und verläßt ein Gebiet nur, wenn er durch Wasser- oder Nahrungsmangel dazu gezwungen wird. Von allen Beobachtern wird seine außerordentliche Vertrautheit gegenüber dem Menschen hervorgehoben. In einigen Gegenden kommt er regelmäßig auf die Felder und in die Vorgärten der Farmhäuser und kleinen Siedlungen (Irby). Sein zwitschernder Ruf ähnelt dem des Feinsittichs, ist aber wesentlich leiser und nur aus nächster Nähe zu hören. Seine Nahrung besteht aus kleinen Grassamen, darunter auch den Samen des Spinifexgrases. Das Trinkbedürfnis ist sehr gering. Glanzsittiche scheinen oft tagelang nicht zur Tränke zu kommen. Möglicherweise können sie ihren Flüssigkeitsbedarf auch durch Tautropfen oder durch das Auskauen wasserhaltiger Pflanzenteile decken (Cayley 1938).

In seinen Brutgewohnheiten unterscheidet sich der Glanzsittich nicht von den übrigen *Neophema*-Arten. Er brütet in Astlöchern von niedrigen Bäumen und Sträuchern, namentlich in Mulga *(Acacia aneura)*. Das Gelege ist kleiner als bei den anderen Arten und besteht in der Regel nur aus 3, seltener aus 4 oder 5 Eiern. Eigröße 19 × 23 mm (North 1911). Brutzeit September bis Oktober. Außerhalb der Brutzeit schließen sich die Tiere zu kleinen Gruppen bis zu einem Dutzend Tieren zusammen.

Der Glanzsittich wurde 1871 erstmals nach London importiert und dort kurze Zeit später auch gezüchtet. Heute ist er in Europa einer der häufigsten und am leichtesten zu züchtenden *Neophema*-Arten.

Eine besonders interessante Beobachtung an brütenden Glanzsittichen in Menschenobhut machte A. Y. Pepper (briefl.) in Westaustralien: die Weibchen dieser Art polstern ihre Bruthöhlen gern mit Blättern und anderem weichen Material aus. Sie beißen die Blätter von den Zweigen ab, tragen sie aber nicht im Schnabel zum Nest, sondern stecken sie nacheinander unter die Bürzelfedern. Diese eigenartige Transportmethode ist innerhalb der Papageienvögel nur noch von den Unzertrennlichen *(Agapornis)* aus Afrika und den Fledermauspapageien *(Loriculus)* aus Südostasien bekannt.

7. Gattung Lathamus Lesson, Schwalbensittich

Die Gattung *Lathamus* wird von einigen Systematikern in die Unterfamilie Loriinae eingereiht (Peters 1937, von Boetticher 1959, Holyoak 1973). Aufgrund einer Reihe von morphologischen Übereinstimmungen mit den Plattschweifsittichen (Platycercinae) ist die Zugehörigkeit zu selbigen jedoch unverkennbar. Diejenigen Merkmale, die an die Loris erinnern, sind das Ergebnis einer konvergenten Entwicklung, die zu einer Lori-ähnlichen Lebensweise führte (Hindwood u. Sharland 1964). So besucht der Schwalbensittich nach Art der Pinselzungenloris die blühenden Eukalyptusbäume und ernährt sich von Nektar und Blüteninsekten. Mit Ausnahme der Pinselzunge (Zungenpapillen) hat *Lathamus* jedoch keine weiteren Anpassungen an die Nektarivorie (Güntert u. Ziswiler 1972, Homberger 1980). Im Schnabelbau und auch im Verdauungstrakt unterscheidet er sich deutlich von den Loris und gleicht den Plattschweifsittichen. Im Freileben ähneln der Habitus und auch das Verhalten des Schwalbensittichs viel mehr einem Plattschweifsittich als einem Lori (Immelmann eig. Beob.). Homberger (1980) schlägt vor, daß *Lathamus* seinen Ursprung in einer *Psephotus*-ähnlichen Form nahm. Brereton (1963) macht darauf aufmerksam, daß der Schwalbensittich den neuseeländischen Laufsittichen *(Cyanoramphus)* näherstehen könnte als den übrigen Plattschweifsittichen. Vermutlich hat sich *Lathamus* – ähnlich wie *Purpureicephalus* – relativ früh von den übrigen Plattschweifsittichen abgespalten und sich parallel zu diesen entwickelt. Dieser Vorgang könnte schon vor dem Auftreten einer *Cyanoramphus-Eunymphicus*-Stammform erfolgt sein (Smith 1975).

Die Gattung *Lathamus* wurde nach dem englischen Ornithologen Dr. John Latham (1740–1837) benannt, sie umfaßt nur eine Art.

7.1. *Lathamus discolor* (White)

Schwalbensittich, Schwalbenlori
Engl. Swift Parrot, Red-shouldered Parrot. Clink

Verbreitung: Südqueensland, Neusüdwales, Victoria, südöstliches Südaustralien (westlich bis Adelaide), Tasmanien (Karte Abb. 35).

Das eigentliche Verbreitungszentrum des Schwalbensittichs ist Tasmanien. Dort ist er einer der häufigsten Sittiche und hat sich eng an den Menschen angeschlossen. Er besucht Gärten und Parkanlagen und brütet selbst in der Großstadt Hobart. Allerdings scheint er in Tasmanien reiner Sommervogel zu sein und im Herbst über die Baßstraße nach Norden zu ziehen, um auf dem australischen Festland zu überwintern (Sharland 1958). Er entspricht hierin dem Feinsittich und dem Goldbauchsittich. Die Tiere treffen im März/April auf dem Festland ein und ziehen im September wieder ab. Innerhalb des Überwinterungsgebietes (s. Karte Abb. 35) ist die Häufigkeit der Schwalbensittiche allerdings von Jahr zu Jahr außerordentlich verschieden. Sie können in einer Gegend in einem Jahr in ungeheuren Scharen auftreten und dann jahrelang wieder völlig fehlen. Offenbar ist die engere Auswahl des Überwinterungs-

Abb. 35. Verbreitung des Schwalbensittichs, *Lathamus discolor*. Brutgebiet (1) und Überwinterungsgebiet (2). Nach Forshaw u. Cooper 1981

gebietes weitgehend vom Nahrungsangebot abhängig (das seinerseits wieder von der Niederschlagsverteilung beeinflußt wird).

Obwohl bereits mehrfach von angeblichen Bruten des Schwalbensittichs in Australien berichtet wurde, fehlt hierfür bisher jeder wirklich gesicherte Nachweis. Offenbar stellt das Festland also lediglich das Winterquartier der tasmanischen Brutvögel dar und hat keine eigene Population (H i n d w o o d u. S h a r l a n d 1964).

Schwalbensittiche halten sich nach Art der Loris gruppenweise in den höchsten Spitzen blühender Bäume auf. Sie ernähren sich vorzugsweise von Nektar, nehmen aber auch kleine Blüten- und Blattinsekten (z. B. Schildläuse), Sämereien (hauptsächlich von *Eucalyptus*- und *Xanthorrhoea*-Arten) und verschiedene Beeren. Manchmal schließen sie sich mit den Loris zu gemischten Gruppen zusammen. Sie besuchen in erster Linie die verschiedenen Eukalyptusarten, namentlich *Eucalyptus gibbosus*, wurden in Tasmanien jedoch in neuerer Zeit auch an den eingeführten europäischen Ulmen beobachtet. Es bleibt unbekannt, ob sie auch von diesen Bäumen Blütennektar aufnehmen oder ob sie lediglich nach Insekten suchen (S h a r l a n d 1958). A s h b y untersuchte den Kropfinhalt von fünf Schwalbensittichen, die er in Tasmanien und Südaustralien erlegte. Neben vereinzelten Grassamen fand er eine große Anzahl von winzigen Käfern und kleinen Schmetterlingsraupen (Blütennektar läßt sich im Kropf und Magen naturgemäß makroskopisch nicht nachweisen). L e a u. G r a y (1935) erwähnen neben Nektar und Samen ebenfalls verschiedene Insekten, namentlich Schmetterlingsraupen und Zikaden. Aus diesen Angaben geht hervor, daß der Schwalbensittich in erster Linie Nektar- und Insektenfresser ist und Sämereien nur gelegentlich aufzunehmen scheint. Durch diese Ernährungsweise ist die Art auf blühende Bäume angewiesen. Da die Blütezeit der Eukalyptusbäume in Australien sehr unterschiedlich ist und selbst ein und dieselbe Art an relativ dicht benachbarten Orten zu sehr verschiedenen Zeiten blühen kann, müssen auch die Sittiche auf der Nahrungssuche ständig umherwandern. Auch die nektarfressenden Loris sind aus diesem Grund im allgemeinen Nomaden. Nur in den Parkanlagen der Siedlungen findet der Schwalbensittich durch die Vielfalt der angepflanzten Bäume in allen Monaten genügend Nahrung und ist relativ seßhaft.

Der Flug des Schwalbensittichs ist reißend mit scharfen Wendungen. In seiner Flugweise entspricht er den Loris, aber auch den *Neophema*- und *Polytelis*-Arten. Im Flug kommt die leuchtend rot gefärbte Flügelunterseite gut zur Geltung und trägt möglicherweise zum Zusammenhalt der Gruppe bei. Die Tiere sind sehr geselligkeitsliebend, wandern in kleinen Gruppen umher und scheinen auch zur Brutzeit zusammenzubleiben. Sie lassen ständig ein melodisches Zwitschern hören. Der Flugruf ist ein zweisilbiges und metallisches *„klink-klink“*, auf das die in Tasmanien für den Schwalbensittich häufig gebrauchte Bezeichnung „Clink“ zurückzuführen ist. Auf der Nahrungssuche sind die Tiere ständig in Bewegung und fliegen von einer Blüte zur anderen.

Der Schwalbensittich brütet in Astlöchern und legt nur 2, gelegentlich 3 oder 4 Eier. Die Brutzeit fällt in den südlichen Sommer (September bis Januar), ist jedoch im einzelnen stark von der Blüte der Eukalyptusbäume abhängig.

Der Schwalbensittich gelangte 1863 in den Zoologischen Garten von London. Die Zucht ist bereits im vorigen Jahrhundert mehrfach gelungen. Er ist ein angenehmer, aber meist recht scheuer Volierenvogel, schreit niemals und eignet sich auch für eine gemischte Besetzung, weil er absolut verträglich ist. Er kann an Körnerfutter gewöhnt werden, doch benötigt er besonders große Mengen von Früchten und frischen, möglichst blühenden Zweigen.

8. Gattung Cyanoramphus Bonaparte, Laufsittiche

Die Gruppe der neuseeländischen Laufsittiche *(Cyanoramphus)* unterscheidet sich in Aussehen, Verhalten und Lebensweise deutlich von den übrigen Plattschweifsittichen. Ihre nächsten Verwandten sind die Hornsittiche *(Eunymphicus)* Neukaledoniens und die Pompadoursittiche *(Prosopeia)* der Fidschi-Inseln (H o m b e r g e r 1980). Auf die relativ nahe Verwandtschaft der Gattung *Cyanoramphus* mit den Rosellas *(Platycercus)* wurde wiederholt hingewiesen (C o n d o n 1941, H o l y o a k 1973, H o m b e r g e r 1980). S m i t h (1975) erwähnt, daß die Balz von *Cyanoramphus* und *Eunymphicus* Übereinstimmungen mit dem entsprechenden Verhalten von *Purpureicephalus* aufweist. Vermutlich besteht auch eine Beziehung zur Gattung *Lathamus* (B r e r e t o n 1963).

Die heutige Verbreitung der Laufsittiche erstreckt sich über Neuseeland und die umliegenden Inseln bis nach Neukaledonien (Karte Abb. 36). Vermutlich stellt Neuseeland den Ausgangspunkt für die Besiedlung der übrigen Inseln dar (T a y l o r 1975). Die insulare Verbreitung und die damit einhergehende Aufspaltung in voneinander isolierte Populationen begünstigte eine vielfältige Entstehung von Arten und Unterarten.

Die *Cyanoramphus*-Arten bevorzugen überwiegend Waldbiotope mit dichter Vegetation als Lebensraum. Auf baumlosen Inseln haben sie sich gänzlich auf eine terrestrische Lebensweise eingestellt. Die gesamte Gruppe zeigt überdies Anpassungen an das Bodenleben und ähnelt damit auffallend dem Erdsittich *(Pezoporus)* und dem Nachtsittich *(Geopsittacus)*. Die Tarsi sind auch hier länger als bei den übrigen Plattschweifsittichen. Bei der Nahrungssuche auf dem Boden scharren die Laufsittiche ähnlich wie Hühnervögel Laub und Erdreich zur Seite. Im Gegensatz zu den anderen bodenbewohnenden Arten sind die Laufsittiche äußerst geschickte Flieger. Lediglich bei stürmischer Witterung machen sie von dieser Eigenschaft wenig Gebrauch. Der schnelle Flug ähnelt dem der Rosellas, doch ist er geradliniger als dieser.

Von den fünf Arten der Gattung *Cyanoramphus* starben zwei *(C. zealandicus* und *C. ulietanus)* bereits im 19. Jahrhundert auf den Gesellschaftsinseln Tahiti und Raiatea aus. Wie andere bodenbewohnende Papageienvögel, so sind auch die Laufsittiche besonders durch von dem Menschen eingeschleppte Ratten *(Rattus norvegicus, R. exulans)*, Wiesel *(Mustela erminea)* und verwilderte Hauskatzen *(Felis catus)* bedroht. Auch die Veränderung ihres Lebensraumes – insbesondere die Umwandlung von Waldbiotopen in Weideland – führte zu einem drastischen Rückgang der Bestände. Diese Landnutzung durch den Menschen wirkt sich überaus deutlich auf kleineren Inseln aus, da hier oftmals den Tieren keine ‚Rückzugsgebiete' mit ursprünglichen Habitatformationen erhalten bleiben.

Die Laufsittiche etablierten sich im Gegensatz zu vielen anderen Plattschweifsittichen erst relativ spät in den Volieren der Züchter. Da sie jedoch hinsichtlich Haltung und Pflege recht anspruchslos sind und sich in der Regel auch problemlos fortpflanzen, sind zwei Arten – der Ziegensittich *(C. n. novaezelandiae)* und der Springsittich *(C. a. auriceps)* – heute in den hiesigen Sammlungen ausgesprochen häufig anzutreffen. Mehr wegen ihrer unerschöpflichen Agilität und ihrer eigenartigen Verhaltensweisen als wegen ihres Aussehens sind sie sehr beliebt. Gegen Kälte und Nässe sind die Laufsittiche wenig empfindlich. Dagegen sollte man sie als typische Waldbewohner nicht zu großer Hitze aussetzen und darauf achten, daß sie stets eine Badegelegenheit aufsuchen können. Wie bei allen Sittichen, die sich regelmäßig auf dem Volierenboden aufhalten, ist auch hier ein Befall mit Spul- (Ascaridia) und Haarwürmern (Capillaria) nicht selten.

Hybriden – namentlich solche zwischen *C. novaezelandiae* und *C. auriceps* – sind mehrfach in Menschenobhut gezüchtet worden, aber auch aus dem Freileben bekannt. Im letzteren Fall treten sie in der Regel aber nur dort auf, wo der Lebensraum derart verändert wurde, daß eine ökologische Isolation der ansonsten sympatrischen Arten nicht mehr gewährleistet ist.

8.1. *Cyanoramphus unicolor*
Einfarblaufsittich
Engl. Antipodes Green Parakeet

Verbreitung: Antipoden-Insel (S-Pazifik).

Der Einfarblaufsittich stellt eine endemische Art dar. Auch eine Unterart des Ziegensittichs *(C. n. hochstetteri)* lebt auf der nur 38 Quadratkilometer großen Antipoden-Insel (Karte Abb. 36). Taylor (1975) untersuchte die Ökologie der beiden sympatrischen Arten und stellte eine Reihe von Strategien zur Vermeidung interspezifischer Konkurrenz fest. Der Einfarblaufsittich bevorzugt küstennahe Flächen mit dichter Vegetation *(Poa literosa, Polystichium vestitum, Coprosoma antipoda).*

Abb. 36. Verbreitung des Einfarblaufsittichs, *Cyanoramphus unicolor* (1), des Ziegensittichs, *C. novaezelandiae* (2) und des Springsittichs, *C. auriceps* (3). Nach Taylor 1985

Dagegen hält sich der Ziegensittich mehr in offenen Habitaten des zentralen Hochplateaus und entlang der Südküste auf und ernährt sich hier in erster Linie von den Samen einer Segge *(Carex appressa)*. Die Nahrung von *C. unicolor* besteht aus anderen Gräsern (Poaceae, Cyperaceae). Die Blätter dieser Gräser werden bei der Nahrungsaufnahme mit dem Fuß gehalten. Auch sah Taylor (1975) den Einfarblaufsittich an Äsern von Pinguinen *(Eudyptes crestatus, E. sclateri)* und Sturmschwalben (Hydrobatidae) fressen. Die Tiere zeigen gegenüber dem Menschen kaum Fluchtverhalten und der vorsichtige Beobachter soll sich ihnen bis auf 2 m nähern können.

Die Brutzeiten des Einfarblaufsittichs und des Ziegensittichs liegen etwas verschoben. Ersterer brütet etwas früher (Oktober bis Januar) und hat sich auf diese Weise vermutlich an die Vegetationsperiode seiner bevorzugten Nahrungspflanzen angepaßt. Das Nest befindet sich in Grashorsten oder Erdhöhlen. Über die Gelegegröße im Freileben ist nichts bekannt. In Volieren wurden bis zu fünf Eier gelegt; die Brutzeit soll 28 Tage betragen.

Im Gegensatz zu den beiden übrigen *Cyanoramphus*-Arten schließen sich Einfarblaufsittiche offensichtlich nicht zu Gruppen zusammen. Vermutlich steht diese Lebensweise in Zusammenhang mit dem Bodenleben dieser Art, denn ein ähnliches Verhalten ist auch für den Erdsittich *(Pezoporus)* nachgewiesen worden (S. 43). Während der Brutzeit sind die männlichen Einfarblaufsittiche ausgesprochen territorial. Dagegen sollen sich die Aktionsräume der Weibchen überlappen. Bemerkenswert ist ein Hinweis, der die starke Ortsbindung dieser Art verdeutlicht. Zwei von 38 Individuen, die 1969 mit Fußringen versehen wurden, fing man 10 Jahre später in der Nähe des ersten Fangortes wieder ein (Taylor 1985).

Taylor (1985) geht davon aus, daß die Population des Einfarblaufsittichs nicht unmittelbar gefährdet ist. Die Antipoden-Insel ist von Menschen unbewohnt und als Naturreservat ausgewiesen. Der New Zealand Wildlife Service bemüht sich auch um die Erhaltungszucht in Gehegen; hierbei werden Ziegensittiche als Ammen benutzt (Forshaw 1981).

Der Einfarblaufsittich gelangte 1904 erstmalig in die zoologischen Gärten von London und Berlin (Neunzig 1921). Aus der Haltung in Menschenobhut sind Hybriden zwischen Einfarblaufsittich und Ziegensittich bekannt. Diese kommen im Freileben offensichtlich nicht vor.

8.2. *Cyanoramphus novaezelandiae* (Sparrman)
Ziegensittich

Engl. Red-crowned Parakeet, Red-fronted Parakeet

Verbreitung: Neuseeland und benachbarte Inseln, Neukaledonien, Norfolk-Insel, Kermandec-Insel, Chatham-Insel, Antipoden-Insel, früher auch Lord-Howe-Insel und Macquarie-Insel (Karte Abb. 36).

Von allen *Cyanoramphus*-Arten reicht die Verbreitung des Ziegensittichs am weitesten. Infolge dieser, voneinander isolierten Inselpopulationen kam es zur Entstehung verschiedener Unterarten, die sich allerdings in Größe und Färbung nur wenig voneinander unterscheiden (Forshaw 1981). Zwei der insgesamt acht Unterarten sind bereits zu Ende des 19. Jahrhunderts ausgestorben. Die übrigen Unterarten sind in ihrem Bestand mehr oder weniger stark gefährdet (Taylor 1985).

1. *Cyanoramphus novaezelandiae novaezelandiae* (Sparrman): Ziegensittich. Engl. Red-crowned Parakeet. Verbreitung: Neuseeland und Aukland-Insel. Kennzeichnung: Gefieder überwiegend grün, die Unterseite etwas heller in der Färbung.

2. *Cyanoramphus novaezelandiae cyanurus* (Salvadori): Kermandec-Ziegensittich. Engl. Kermandec Parakeet. Verbreitung: Kermandec-Inseln. Kennzeichnung: Die Handschwingen sind stärker blau gefärbt als bei der Nominatform, die Unterseite ist dunkler und der Schwanz oberseits blaugrün gefärbt.

3. *Cyanoramphus novaezelandiae chathamensis* (Oliver): Chatham-Ziegensittich. Engl. Chatham Island Red-crowned Parakeet. Verbreitung: Chatham-Inseln. Kennzeichnung: Unterseite stärker gelb gefärbt.

4. *Cyanoramphus novaezelandiae hochstetteri* (Reischek): Antipoden-Ziegensittich. Engl. Reichek's Parakeet. Verbreitung: Antipoden-Insel. Kennzeichnung: Diese Unterart ist größer als die Nominatform, die Handschwingen sind blaugrün und das übrige Gefieder stärker gelb gefärbt.

5. *Cyanoramphus novaezelandiae cooki* (G. R. Gray): Norfolk-Ziegensittich. Engl. Norfolk Island Parakeet. Verbreitung: Norfolk-Insel. Die Population umfaßte 1983 zwanzig Individuen. Kennzeichnung: Auch diese Unterart ist etwas größer.

6. *Cyanoramphus novaezelandiae saisseti* (Verreaux u. Des Murs): Neukaledonien-Ziegensittich. Engl. New Caledonian Red-crowned Parakeet. Verbreitung: Neukaledonien. Kennzeichnung: Die Unterseite ist gelblich gefärbt.

7. *Cyanoramphus novaezelandiae subflavescens* (Salvadori): Lord-Howe-Ziegensittich. Engl. Lord-Howe-Island Parakeet. Verbreitung: Lord-Howe-Insel. Diese Unterart ist seit 1870 ausgestorben.

8. *Cyanoramphus novaezelandiae erythrotis* (Wagler): Macquarie-Ziegensittich. Engl. Macquarie Island Parakeet. Verbreitung: Macquarie-Insel, seit 1890 ausgestorben.

In den 70er und 80er Jahren des 19. Jahrhunderts war der Ziegensittich auf den Hauptinseln Neuseelands derart häufig, daß er wegen des Schadens, den er in Obstgärten und Getreidefeldern anrichtete, als Plage galt.

Forshaw (1981) betont die bemerkenswerte Anpassung des Ziegensittichs an seinen Lebensraum. Er bevorzugt Waldränder und dringt – im Gegensatz zum Springsittich *(Cyanoramphus auriceps)* – auch regelmäßig in offenes Gelände vor. Den größten Teil des Tages ist der Ziegensittich mit der Nahrungsaufnahme beschäftigt. Für die Nominatform sind bis zu 90 verschiedene Nahrungspflanzen nachgewiesen worden. Das aktuelle Nahrungsangebot unterliegt allerdings beträchtlichen jahreszeitlichen Schwankungen. In Baumkronen und in äußersten Zweigen von Büschen klettert der Ziegensittich ausgesprochen geschickt umher. Wie alle Laufsittiche, so sucht auch *C. novaezelandiae* häufig auf dem Erdboden nach Nahrung.

Die Lautäußerungen der Laufsittiche haben nur wenig mit den Rufen anderer Papageienvögel gemeinsam. Der Ziegensittich erhielt seinen Namen aufgrund seiner eigenartigen Laute, die an das Meckern der Ziegen erinnern.

Der Ziegensittich brütet in den Monaten Oktober bis Dezember. Die Wahl des

Neststandortes kann recht variabel ausfallen. Gebrütet wird in Baum- und Erdhöhlen, in Felsspalten und in den Horsten von Gräsern. Das Gelege besteht aus 5 bis 9 Eiern und wird 20 Tage bebrütet. Die Jungtiere sind mit 5 bis 6 Wochen flügge.

Die Unterart der Norfolk-Insel *(C. n. cooki)* ist äußerst selten und in ihrem Bestand gefährdet (s. o.). Eine der Ursachen für den Rückgang ist offensichtlich die Einbürgerung des Pennantsittichs *(Platycercus elegans)*, der mit dem Ziegensittich um Nistplätze konkurriert (Taylor 1985). Dieser Konkurrenzdruck durch die Gattung *Platycercus* spielt womöglich keine unerhebliche Rolle, wenn man danach fragt, warum sich die Laufsittiche nicht auf dem australischen Festland etablieren konnten.

Auf den Aukland- und auf den Chatham-Inseln kommt es regelmäßig zu Hybriden zwischen Ziegen- und Springsittich.

8.3. *Cyanoramphus auriceps* (Kuhl)
Springsittich
Engl. Yellow-crowned Parakeet, Yellow-fronted Parakeet

Verbreitung: Neuseeland und benachbarte Inseln, Chatham-Insel (Karte Abb. 36).

2 Unterarten:

1. *Cyanoramphus auriceps auriceps* (Kuhl): Springsittich. Engl. Yellow-crowned Parakeet. Verbreitung: Neuseeland und Aukland-Inseln. Kennzeichnung: Das rote Stirnband reicht bis zu den Augen.

2. *Cyanoramphus auriceps forbesi* (Rothschild): Chatham-Springsittich. Engl. Forbes' Chatham Island Parakeet. Verbreitung: Chatham-Inseln (Mangere Island und Little Mangere Island). Im Jahre 1976 wurden auf Mangere Island 20–30 Individuen gezählt, auf Little Mangere waren es lediglich 16 (Taylor 1985). Kennzeichen: Diese Unterart ist größer als die Nominatform. Das rote Stirnband reicht nicht bis zu den Augen.

In der Lebensweise unterscheidet sich der Springsittich nur wenig von dem Ziegensittich *(C. novaezelandiae)*. Beide Arten kommen im gleichen Habitat vor und schließen sich mitunter zu gemischten Gruppen zusammen. Allerdings meidet der Springsittich offenes Gelände und hält sich in der Regel weniger auf dem Boden auf. Er sucht seine Nahrung – Schößlinge, Knospen, Blüten und Sämereien – vornehmlich auf Bäumen und Büschen (Forshaw 1978). Bemerkenswert ist die Beobachtung Taylors (1985), daß sich der Springsittich auf Inseln, wo eingeschleppte Predatoren (Ratte, Wiesel) bisher fehlen, durchaus regelmäßig auf den Boden begibt, um dort zu fressen. Tierische Nahrung – in erster Linie *Ultracoelostoma assimile* und *Heliostibes vibratix*-Raupen – nimmt innerhalb des Nahrungsspektrums einen höheren Stellenwert ein als bei den übrigen *Cyanoramphus*-Arten.

Verschiedene Autoren haben darauf hingewiesen, daß der früher als eigene Art betrachtete ‚Alpensittich' (*C. malherbi*, Souancé) lediglich eine Farbmorphe des Springsittichs *(C. a. auriceps)* darstellt (Holyoak 1974, Taylor et al. 1986). Taylor kreuzte beide Formen in Menschenobhut und fand dabei heraus, daß sich die blassere Färbung des ‚Alpensittichs' rezessiv gegenüber dem gewöhnlichen (kräftiger gefärbten) Farbtyp verhält. Dies erklärt auch, weshalb der ‚Alpensittich' nur ausgesprochen selten angetroffen wird.

Die Unterart der Chatham-Inseln *(C. a. forbesi)* vermischt sich mit dem dort ebenfalls vorkommenden Ziegensittich *(C. n. chathamensis).* Taylor (1975) führt das Zusammenbrechen der Isolationsschranke zwischen beiden Arten auf die drastischen Veränderungen des Lebensraumes auf Mangere Island durch Menschenhand zurück. Auf den Aukland-Inseln – wo in gleicher Weise das ursprüngliche Habitat zerstört wurde – kommt es auch zu Hybriden zwischen den genannten Arten. Dagegen leben sie auf den Hauptinseln Neuseelands sympatrisch.

Das Brutverhalten des Springsittichs gleicht dem des Ziegensittichs. Jedoch befinden sich die Bruthöhlen ausnahmslos in Bäumen oder abgestorbenen Baumstümpfen (Forshaw 1978). Auch die Lautäußerungen des Springsittichs erinnern an die des Ziegensittichs. Die Rufe des Springsittichs sind in der Regel aber etwas leiser und haben eine höhere Tonlage.

Der Springsittich gelangte 1865 in den zoologischen Garten von London. Im Jahre 1870 befand sich ein Paar dieser Laufsittiche im Besitz von Dr. Russ (Neunzig 1921).

9. Gattung Purpureicephalus Bonaparte, Kappensittich

Die Gattung *Purpureicephalus* umfaßt nur eine einzige Art und ist auf den äußersten Südwesten des australischen Kontinents beschränkt. Zoogeographisch ist sie besonders interessant, da sie die einzige Vogelgattung ist, die ausschließlich in Südwestaustralien vorkommt. D. L. Serventy (1938), A. J. Cain (1955), H. T. Condon (1941) und J. M. Forshaw (1964) haben ausführliche Betrachtungen über die vermutliche Herkunft dieser Gattung veröffentlicht. Es ist unwahrscheinlich, daß sie in Südwestaustralien selbst entstanden ist. Vielmehr handelt es sich vermutlich um eine Reliktform, die früher wesentlich weiter verbreitet war: *Purpureicephalus* ist ein reiner Waldbewohner und als solcher auf geschlossene Wälder angewiesen. In früheren Erdzeitaltern waren weite Teile Australiens von Wäldern bedeckt. Mit der zunehmenden Austrocknung des Kontinents seit dem Ende des Pleistozäns verschwanden nach und nach die Waldgebiete. Heute gibt es nur noch im ostaustralischen Randgebirge und im äußersten Südwesten Australiens geschlossene Wälder. Damit war auch das mögliche Verbreitungsgebiet der Gattung *Purpureicephalus* zusammengeschmolzen und in zwei weit voneinander entfernte Teile (Ost- und Südwestaustralien) aufgespalten. Im Osten ist sie inzwischen ausgestorben. Vermutlich wurde sie von den höherentwickelten Arten der Gattung *Platycercus* verdrängt, in erster Linie von *Platycercus elegans*, die den gleichen Lebensraum bewohnt. *Platycercus elegans* ist jedoch niemals nach Südwestaustralien vorgedrungen, das durch einen breiten Wüstengürtel von den ostaustralischen Wäldern getrennt ist. Hier hat die Gattung *Purpureicephalus* daher keinen Konkurrenten gefunden und konnte sich bis auf den heutigen Tag halten.

Die systematische Stellung von *Purpureicephalus* ist noch nicht restlos geklärt. Das auffällige Zeichnungsmuster unterscheidet sich deutlich von den Mustern der übrigen Plattschweifsittiche. Lediglich das rote Stirnband der ansonsten graugrün gefärbten

Jungvögel weist auf eine mögliche Verwandtschaft mit *Barnardius* und *Platycercus* hin. Serventy (1938) und Condon (1941) vertreten die Ansicht, daß *Purpureicephalus* sich an der gemeinsamen Wurzel der Gattungen *Barnardius* und *Platycercus* abgespalten und eine eigene Entwicklungsrichtung eingeschlagen hat. Unter den heute lebenden Arten hält Serventy (1938) den relativ ursprünglich gebliebenen Gelbbauchsittich *(Platycercus caledonicus)* für ihren nächsten Verwandten. Cain (1955) verlegt dagegen die Wurzel dieser Gattung noch weiter zurück und verweist auf die große Ähnlichkeit mit dem Hornsittich von Neukaledonien (Gattung *Eunymphicus*). Smith (1975) stellt *Purpureicephalus* zwischen die ursprüngliche *Eunymphicus-Cyanoramphus*-Gruppe und die stärker abgeleitete *Platycercus-Barnardius-Psephotus*-Gruppe. Das für die letztgenannte Gruppe charakteristische „tail-wagging" (Schwanzwackeln) gehört noch nicht zum Verhaltensinventar von *Purpureicephalus* (s. S. 80). Dagegen weist das Balzverhalten des Rotkappensittichs Übereinstimmungen mit dem entsprechenden Verhalten von *Eunymphicus* und *Cyanoramphus* auf.

Möglicherweise sind diese drei Gattungen näher miteinander verwandt und aus einer gemeinsamen Wurzel hervorgegangen. Sie bewohnen heute nur noch die äußersten Randgebiete ihres ehemaligen Verbreitungsgebietes, während sie aus der mittleren Zone durch höherentwickelte, überlegene Formen verdrängt worden sind. Auf die Fragwürdigkeit der Theorie Cain's hat jedoch J. M. Forshaw (Avicult. Mag. 1964) erneut aufmerksam gemacht, der sich aufgrund eingehender biologischer und ethologischer Studien der Auffassung von Serventy u. Condon (s. o.) anschließt.

9.1. *Purpureicephalus spurius* (Kuhl)
Rotkappensittich, Purpurkopfsittich
Engl. Red-capped Parrot, King Parrot

Verbreitung: Eukalyptuswälder von Südwestaustralien zwischen Moore River und Esperance, landeinwärts bis Gingin, Mooliabeenee und Lake Grace
(Karte Abb. 37).

Der Rotkappensittich bewohnt geschlossene Eukalyptushochwälder, in erster Linie ausgedehnte Bestände von „Marri" *(Eucalyptus calophylla)*, „Jarrah" *(E. marginata)* und „Tuarts" *(E. gomphocephala)* (Abb. 11). Die Samen dieser Arten bilden seine hauptsächliche und offenbar ursprüngliche Nahrung. Die Tiere fressen sowohl am Boden als auch in den höchsten Spitzen der Bäume. Sie bevorzugen am Boden liegende, noch grüne Kapseln, die sie mit einem Fuß am Boden festhalten, während sie mit dem langen Schnabel die Samen herausholen. Gelegentlich nehmen sie einzelne Kapseln auch „in den Fuß". McGilp beobachtete, wie sie in den Spitzen von Eukalyptusbäumen grüne Kapseln abbissen und sofort zu Boden fallen ließen, ohne einen Versuch zu machen, die Samen herauszuholen. Anschließend flogen sie auf die Erde und leerten die so „geernteten" Kapseln.

Neben den erwähnten Eukalyptusarten dienen die Samen von *Eucalyptus redunca* und *E. cornuta* sowie von verschiedenen anderen Bäumen und Sträuchern (*Hakea, Banksia, Grevillea, Xylomelum* und *Carsuarina*-Arten) dem Rotkappensittich als Nahrung. Die Tiere besuchen auch regelmäßig blühende Bäume *(Banksia Dryandra,*

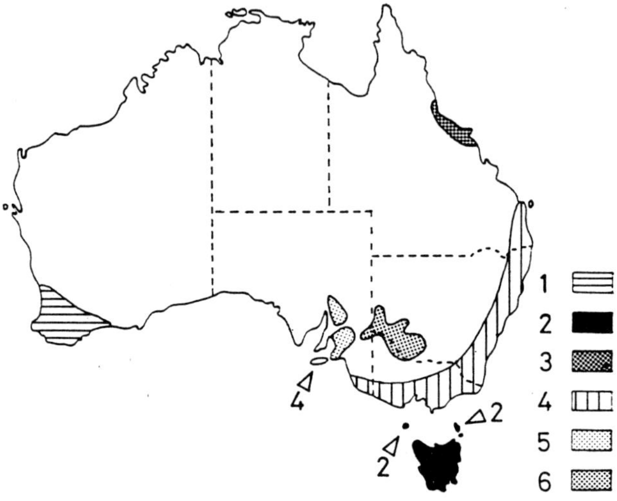

Abb. 37. Verbreitung des Rotkappensittichs, *Purpureicephalus spurius* (1), des Gelbbauchsittichs, *Platycercus caledonicus* (2) und der Unterarten des Pennantsittichs, *Platycercus elegans nigrescens* (3), *P. e. elegans* (4), *P. e. adelaidae* (5), *P. e. flaveolus* (6). Nach Forshaw u. Cooper 1981

Watsonia), stecken ihren langen Schnabel in die Blüten und nehmen Pollen und Nektar auf. Auch Früchte werden angenommen. Besonders während der Brutzeit bilden Insekten einen wichtigen Bestandteil der Nahrung. Long (1984) weist darauf hin, daß die Nestlinge im frühen Stadium ihrer Entwicklung mit Insekten gefüttert werden. Die Art fällt heute in großer Zahl in die Apfelplantagen Südwestaustraliens ein, wo sie beträchtlichen Schaden verursacht. Dabei kommen die Tiere selbst bis unmittelbar in die Vororte der westaustralischen Stadt Perth. Aus diesem Grunde wurde die Art von der westaustralischen Regierung in einigen Obstbaubezirken zur „Plage" erklärt und darf dort zu festgelegten Zeiten abgeschossen werden. Trotzdem hat der Bestand in neuerer Zeit zugenommen, und der Rotkappensittich ist neben dem Kragensittich die häufigste Sittichart Südwestaustraliens. Es besteht daher keine Gefahr, daß diese zoologisch besonders interessante Art in naher Zukunft verschwinden wird. Offensichtlich profitiert der Rotkappensittich – ähnlich wie *Platycercus icterotis* und *Barnardius zonarius* – sogar von der im südlichen Westaustralien vollzogenen Umwandlung von Wäldern in landwirtschaftlich genutzte Flächen (Long, 1984). Die Fähigkeit, ein vielfältiges Nahrungsspektrum zu nutzen, erlaubt es dem Rotkappensittich, sich von eingeschleppten Weide- und Ackerkräutern zu ernähren.

Der außergewöhnlich lange Oberschnabel des Rotkappensittichs ermöglicht das Öffnen und Ausbeuten der harten Eukalyptuskapseln. Homberger (1980) schlägt folgende Hypothese vor: „*Purpureicephalus* stellt den Rest einer früher weiterverbreiteten, fructivoren oder wurzelfressenden, langschnäbeligen Form dar und hat sekundär seinen Schnabel für die Gewinnung der *Eucalyptus calophylla*-Samen eingesetzt." Verschiedene Autoren haben diesen „überspezialisierten" Schnabel als Grund dafür angesehen, daß der Rotkappensittich in Ostaustralien von den unspezialisierten *Platycercus*-Arten verdrängt werden konnte. Die Liste seiner Nahrungspflanzen zeigt jedoch, daß er keineswegs einseitig geworden ist und neben den Eukalyptuskapseln noch eine große Vielzahl von Nahrungsquellen ausbeuten kann. Der Schnabelbau kann daher nur sehr bedingt als nachteilige Überspezialisierung angesehen werden.

Rotkappensittiche sieht man entgegen ihrer großen Häufigkeit stets nur paarweise oder in kleinen Gruppen. Trotz ihrer teilweise leuchtenden Gefiederfarben sind sie so gut an ihre Umgebung, die Laubkronen der Eukalyptusbäume, angepaßt, daß sie außerordentlich schwer zu beobachten sind. Oft wird man erst auf sie aufmerksam, wenn sie laut rufend aus unmittelbarer Nähe auffliegen. Sie scheinen sich niemals zu Schwärmen zusammenzuschließen und entsprechen darin der Gattung *Barnardius*. Auch in ihrem Erscheinungsbild erinnern sie an den Kragensittich. Der Flug ist kräftig und leicht wellenförmig. Die Stimme ist laut und unmelodisch. Im Flug lassen die Tiere ein scharf abgesetztes „*skrek-skrek*“ hören. Allerdings sind Rotkappensittiche wesentlich weniger stimmfreudig als die Mehrzahl der Plattschweifsittiche. Oft hört man von ihnen minutenlang keinen Ruf, und das Geräusch der fallenden Eukalyptuskapseln (s. o.) ist der einzige Laut, der ihre Anwesenheit verrät.

Die Tiere sind auffallend aggressiv. Auf der Nahrungssuche gibt es ständig Zank und Reibereien. Nähert sich ein dritter Vogel einem fressenden Paar, wird er sofort angedroht. Dabei werden die Kopffedern angehoben, so daß die rote Kappe vergrößert und dem Gegner dargeboten wird. Wenn die Drohungen ohne Erfolg bleiben, wird er durch Schnabelhiebe laut rufend in die Flucht geschlagen.

Das Balzverhalten zeigt große Unterschiede zu dem der übrigen Plattschweifsittiche und weist damit ebenfalls auf die systematische Sonderstellung von *Purpureicephalus* hin (Forshaw 1964). Am ehesten läßt sich die Balz des Rotkappensittichs mit der von *Eunymphicus* und *Cyanoramphus* vergleichen (s. o.). Das Männchen landet neben dem Weibchen oder – wenn das nicht möglich ist – auf einem gegenüberliegenden Ast. Das Gefieder der roten Kopfplatte ist gesträubt, wodurch dieses Farbabzeichen stark vergrößert erscheint. Die Flügel hängen herab und machen damit das leuchtend gelbgrüne Bürzelgefieder weithin sichtbar. Der Schwanz wird gespreizt und etwas angehoben. In dieser Körperhaltung nähert sich das Männchen unter ständigen leisen Rufen dem Weibchen und vollzieht die Begattung.

Der Rotkappensittich brütet in Astlöchern in den höchsten Spitzen der Eukalyptusbäume. Sein Nest ist daher schwer zugänglich, und seine Brutgewohnheiten sind schwer zu beobachten. Das Gelege besteht normalerweise aus 5 bis 6 Eiern, doch hat man bis zu 9 Eier in einem Nest gefunden. Eigröße 22 × 28 mm. Brutzeit August bis November. – Das brütende Weibchen wird vom Männchen aus dem Kropf gefüttert. An der Jungenaufzucht beteiligen sich beide Eltern. Die Jungen verlassen das Nest im Alter von 5 Wochen und werden auch nach dem Ausfliegen noch mehrere Wochen gefüttert. Sie bleiben sehr lange (wahrscheinlich mehrere Monate, genaue Angaben liegen bisher nicht vor) mit ihren Eltern zusammen.

Der Rotkappensittich kam bereits 1854 erstmals nach London und noch vor der Jahrhundertwende nach Amsterdam und Berlin. In den letzten Jahrzehnten wurde er immer häufiger gehalten und wird heute regelmäßig gezüchtet. In seinem Verhalten und seinen Ansprüchen gleicht er den Rosellas, benötigt aber besonders viel Obst und Grünfutter. Außerdem fliegt er gern größere Strecken und sollte daher in einer möglichst geräumigen Voliere untergebracht werden. Leider bleiben die Tiere in der Regel wesentlich scheuer und zurückhaltender als die *Platycercus*- und *Barnardius*-Arten. Gegenüber tiefen Temperaturen ist die Art unempfindlich, sofern genügend Bewegungsmöglichkeiten bestehen.

In den Niederlanden sind Bastarde zwischen Rotkappensittich-Männchen und

Pennantsittich-Weibchen gezüchtet worden. Sie sahen der Mutter ähnlicher als dem Vater (van Heyst). In den USA wurden schon 1929 zwei Bastarde zwischen Rotkappensittich und Stanleysittich gezüchtet (Forshaw 1964).

10. Gattung Platycercus Vigors, Plattschweifsittiche i. e. S.

Die farbenprächtigen Arten der Gattung *Platycercus* sind die charakteristischen und häufigsten Sittiche der australischen Savannen und Steppen. Mit zwei Ausnahmen sind sie an offene Landschaften gebunden und zeigen daher einige Verhaltensweisen, die für Steppenvögel typisch sind. Zur Brutzeit leben sie paarweise oder in kleinen Gruppen, während sie sich außerhalb der Brutzeit zu großen Schwärmen zusammenschließen und bei Wasser- oder Nahrungsmangel weite Wanderungen unternehmen. Ihr Flug ist kräftig und fördernd. Er zeigt eine ausgeprägte Wellenform und erinnert an die Flugweise von Spechten. Kurz vor der höchsten Stelle des Bogens setzt der Flügelschlag für kurze Zeit aus. Die Flügel sind breit, rund und relativ großflächig.

Alle Arten ernähren sich in erster Linie von Grassamen. Sie gehen vorwiegend am Boden auf Nahrungssuche, fliegen aber bei jeder Störung in die höchsten Spitzen der Bäume. Die meisten Arten sind Kulturfolger, haben seit der Besiedlung Australiens durch Europäer stark zugenommen und richten in vielen Gebieten beträchtlichen Schaden an.

Für alle *Platycercus*-Arten ist die auffällige Schuppenzeichnung des Rückens kennzeichnend (Abb. 17). Während andere Plattschweifsittiche einfarbige oder regelmäßig quergestreifte (Wellensittich, Erdsittich) Rückenfedern haben, weisen die Rückenfedern der *Platycercus*-Arten ein einheitliches schwarzes Zentrum auf, das von einem farbigen (roten, gelben oder grünen) Saum umgeben wird. Dadurch erscheint der Rücken als Ganzes geschuppt. Dieses Zeichnungsmuster taucht in keiner weiteren Gattung der Plattschweifsittiche auf. Es ist jedoch interessant, daß die Mutation „Opal", die im Verlauf der Domestikation beim Wellensittich aufgetreten ist, diese typische *Platycercus*-Zeichnung genau kopiert. Während der wildfarbene Wellensittich schwarz-grün quergestreifte Rückenfedern hat, ist das Pigment bei den Opal-Wellensittichen auf das Zentrum der Rückenfedern beschränkt, das von einem grünen oder – je nach der Mutation – andersfarbigen Saum gerahmt wird. Auch die fehlende Kopfzeichnung der „Opaline" stimmt mit dem einfarbigen Kopf der *Platycercus*-Arten überein. Diese Mutation hat also das Zeichnungsmuster von *Platycercus*, das beim Wellensittich sonst unbekannt ist, weitgehend imitiert. Es handelt sich hierbei um ein interessantes Beispiel für eine „parallele Merkmalsbildung", bei der aufgrund zeitlich getrennter, sonst aber homologer Mutationen in nahe verwandten Arten identische Zeichnungsmuster entstehen. Einzelne „Opaline" sind auch in den Schwärmen wilder Wellensittiche beobachtet oder erlegt worden. Da die Querstreifung der Feder im allgemeinen als ein ursprüngliches, die Schuppung aber als ein höherentwickeltes Zeichnungsmuster angesehen wird, scheint sich die Zeichnung des Wellensittichs ganz allmählich in Richtung auf das *Platycercus*-Muster zu entwickeln (Steiner 1950).

Die insgesamt sechs Arten der Gattung *Platycercus* können in drei Artengruppen zusammengefaßt werden. Die Vertreter jeder Artengruppe sind untereinander nahe verwandt und vertreten einander geographisch. Dagegen können Arten aus zwei verschiedenen Gruppen nebeneinander im selben Gebiet leben.

Einzige Art der ersten Gruppe ist der Stanleysittich *(Platycercus icterotis)*. Er unterscheidet sich aufgrund einer Reihe von Merkmalen von den übrigen Arten. Die Wangenflecke sind gelb und noch nicht Bestandteil des Jugendkleides. Bei Adulten ist ein deutlicher Geschlechtsdimorphismus vorhanden. Vermutlich ist das Fehlen der Wangenflecke bei Jungtieren ein ursprüngliches Merkmal. Dagegen ist die Lebensweise des Stanleysittichs eher abgeleitet.

Die zweite Gruppe umfaßt zwei Arten mit blauen Wangenflecken. Der Gelbbauchsittich *(Platycercus caledonicus)* ist der einzige Sittich, dessen Vorkommen auf Tasmanien und einige Inseln der Baßstraße beschränkt ist. Vermutlich war diese Art früher auch über Teile des australischen Festlandes verbreitet, wurde dort aber inzwischen von dem konkurrenzfähigeren Pennantsittich *(Platycercus elegans)* verdrängt, während sie sich in Tasmanien infolge der größeren Isolierung bis heute halten konnte. Die Lebensweise dieser beiden Arten ist noch relativ ursprünglich, wenn man davon ausgeht, daß die betreffende *Platycercus*-Stammform ein Bewohner feuchter, relativ geschlossener Vegetationsformen war.

Der eigentliche Rosella *(Platycercus eximius)*, der Blaßkopfrosella *(Platycercus adscitus)* und der Brownssittich *(Platycercus venustus)* bilden die dritte Artengruppe mit überwiegend weißen Wangenflecken. Diese Arten haben sich – wie auch *P. icterotis* – zu ausgesprochenen Steppenbewohnern entwickelt. Vermutlich wurde dieser Prozeß von dem immer trockener werdenden Klima Australiens bestimmt. Die trockensten Klimabereiche bewohnen *P. venustus* und die Inlandunterarten von *P. eximius* und *P. icterotis*.

Die Arten der Gattung *Platycercus* sind untereinander so nahe verwandt, daß eine völlige genetische Isolation noch nicht erreicht zu sein scheint. Zwischen allen Arten, deren Verbreitungsgebiete sich berühren oder überschneiden, sind gelegentlich Bastarde aus der Freiheit bekannt geworden. Am häufigsten sind Mischlinge zwischen *eximius* und *adscitus*. Beide Arten kommen im südlichen Queensland und nördlichen Neusüdwales in einer breiten Zone nebeneinander vor. Die Blaßkopfrosellas dieser Übergangszone zeigen dementsprechend eine starke Variabilität im Aussehen, die auf zahlreiche Kreuzungen und Rückkreuzungen zurückzuführen ist. Die stärksten Unterschiede treten in der Kopffärbung auf, die einzelne Teile der roten Maske von *eximius* aufweisen kann. Besonders häufig ist ein relativ scharf abgesetztes rotes Halsband (Hindwood u. McGill 1958).

Kreuzungen zwischen *elegans* und *eximius*, d. h. zwischen Vertretern von zwei verschiedenen Artengruppen, sind ebenfalls aus der Freiheit bekannt. Beide Arten bewohnen in weiten Teilen Ostaustraliens die gleichen Gebiete, bevorzugen jedoch innerhalb ihres Verbreitungsgebietes verschiedene Lebensräume. Die Bastarde variieren im Aussehen, zeigen jedoch in der Regel die Merkmale beider Eltern etwa im gleichen Ausmaß. Wie verschiedene Züchtungen in Menschenobhut gezeigt haben, sind diese Bastarde fruchtbar. An der Südgrenze von Queensland wurden außerdem Mischlinge zwischen *elegans* und *adscitus* beobachtet. In Tasmanien scheinen sich auch *eximius* und *caledonicus* gelegentlich zu vermischen. Sharland (1958) beschreibt zwei erwachsene Vögel, deren Aussehen mit Sicherheit auf Bastarde schließen ließ. – „Kreuzungen" zwischen den einzelnen Unterarten von *elegans* werden bei der Besprechung dieser Art behandelt. – Lediglich von *icterotis* und *venustus* sind aus der Freiheit keine Bastarde bekannt, da beide Arten geographisch völlig isoliert und durch eine unbewohnte Zone von mehreren hundert Kilometern von der nächsten Art getrennt sind. In Volierenhaltung scheinen sich jedoch alle Arten der Gattung *Platycercus* fruchtbar zu kreuzen.

Die Verhaltensweisen der Balz von *Platycercus* finden sich in ähnlicher Form auch bei den Gattungen *Barnardius* und *Psephotus*. In aufgerichteter Körperhaltung spreizt das Männchen den Schwanz, so daß auf der Unterseite ein kontrastreiches Zeichnungsmuster in Erscheinung tritt (Abb. 16). Diese Bewegung ist auch ursprünglicheren Gattungen *(Neopsephotus, Neophema, Purpureicephalus)* eigen. Dagegen handelt es sich bei dem lateralen Schütteln des Schwanzes offensichtlich um eine Neuerwerbung der *Platycercus-Barnardius-Psephotus*-Gruppe (S m i t h 1975). Dieses Verhalten zeigen beide Geschlechter regelmäßig gegenüber Artgenossen im Zusammenhang mit Revierstreitigkeiten (V o g e l s , eig. Beob.). Bei starker Erregung werden die Flügel angehoben und das Kleingefieder gesträubt („Gefieder-Schütteln").

Die Herkunft der Bezeichnung „Rosella", die im englischen wie im deutschen Sprachgebrauch gleichermaßen angewandt wird, ist nicht mehr eindeutig feststellbar. Einer weit verbreiteten Auffassung zufolge handelt es sich um eine Verballhornung des Wortes „Rose-hill", Rosenhügel. Die Rosellas wurden angeblich zuerst als „Rosehill Parrots", Rosenhügelsittiche, bezeichnet und der Name dann aus Bequemlichkeit zu Rosella zusammengezogen. Eine eindeutig belegte Quellenangabe für diese Erklärung läßt sich allerdings nirgends finden. J. D. S o m e r v i l l e hat kürzlich auf eine andere Deutungsmöglichkeit hingewiesen, die wesentlich einleuchtender erscheint. In alten Fanglisten aus Südaustralien aus den dreißiger Jahren des vorigen Jahrhunderts sowie im Protokoll der Sitzung der Londoner Zoologischen Gesellschaft vom 9. September 1839 werden diese Sittiche nicht als Rosellas, sondern als „Rosetta Parrots" bezeichnet. Der Name Rosetta hat in Südaustralien eine weite Verbreitung. Es war der Vorname der Frau von George Fife A n g a s , einem der führenden Pioniere in der Geschichte Südaustraliens. Als „Colonization Commissioner" hat er sich große Verdienste um die Erschließung und Besiedlung dieses Gebietes erworben und erfreute sich bei den Siedlern hoher Wertschätzung. Zahlreiche Orte und Landschaftsteile tragen noch heute seinen Namen, andere wurden seiner Frau zu Ehren benannt, wie das „Kap Rosetta" oder die Hafenstadt „Rosetta Harbour". Es ist daher möglich, daß auch die farbenprächtigen Rosellasittiche zu Ehren dieser Frau den Namen „Rosetta" erhielten, so wie John G o u l d den farbenprächtigsten aller Prachtfinken dem Andenken seiner Frau gewidmet und als „Lady Gould-Amadine" bezeichnet hat. Der heutige Name Rosella, der erstmals offenbar in den kürzlich wiederentdeckten Tagebüchern von John G i l b e r t auftaucht (C h i s h o l m 1965), kann durch einen Schreibfehler entstanden sein und wurde bis heute beibehalten. Richtiger wäre es nach dem vorliegenden Tatsachenmaterial zweifellos, wenn die *Platycercus*-Arten nicht als Rosellas, sondern als Rosettasittiche bezeichnet würden.

Die Rosellas sind heute neben Wellen- und Singsittich die am häufigsten gehaltenen und gezüchteten Plattschweifsittiche. Sie sind außerordentlich hart, können selbst im Freien überwintert werden, stellen keine besonderen Ansprüche an das Futter und sind leicht zu züchten. Leider haben alle Arten sehr laute durchdringende Rufe. Zur Brutzeit sind die Tiere in der Regel untereinander und gegenüber anderen Arten unverträglich. Bastarde zwischen den einzelnen Arten sind wiederholt gezüchtet worden. Die verschiedenen Unterarten sind heute in Züchterkreisen kaum noch in reiner Form vorzufinden.

10.1. *Platycercus icterotis* (Kuhl)
Stanleysittich, Stanleyrosella, Gelbwangensittich, Scharlachsittich
Engl. Western Rosella, Yellow-cheeked Parrakeet, Stanley-Parrakeet

Verbreitung: Südwestaustralien, nördlich bis Moora, östlich bis Wongan Hills, Merredin und zum Dundas-Distrikt (Karte Abb. 38).
2 Unterarten.
1. *Platycercus icterotis icterotis* (Kuhl): Westlicher Stanleysittich. Engl. Western Rosella. Verbreitung: Küstengebiete von Südwestaustralien, Kennzeichnung: Schwarze Rückenfedern und Flügeldecken grün gesäumt, Kopf und Unterseite einfarbig rot. Dunkelgelbe Wangen. Beim Weibchen sind Kopf und Unterseite grün-rot vermischt, nur das Stirnband ist rein rot.
2. *Platycercus icterotis xanthogenys* (Salvadori): Östlicher Stanleysittich. Engl. Dundas Yellow-cheeked Rosella. Verbreitung: Inlandgebiete von Südwestaustralien. Kennzeichnung: Größer als vorige Unterart. Wangen hellgelb. Rückenfedern und Flügeldecken rot gesäumt. Unterseite rot, mit Gelb gemischt. Weibchen wesentlich heller als bei der vorigen Unterart, Rückenfedern hellgrün bis gelb gesäumt, Stirnband und Unterseite rötlichgelb.

Beide Unterarten sind nicht scharf voneinander zu trennen, die Übergänge von der Küste zum Landesinnern sind gleitend. Wir haben hier ein Parallelbeispiel zu der Farbentwicklung bei Rosella und Pennantsittich: je trockenere Gebiete eine Population bewohnt, desto geringer ist – der Gloger'schen Regel folgend – ihre Melaninausbildung, d. h., um so mehr verschwindet die grüne Färbung, die durch Über-

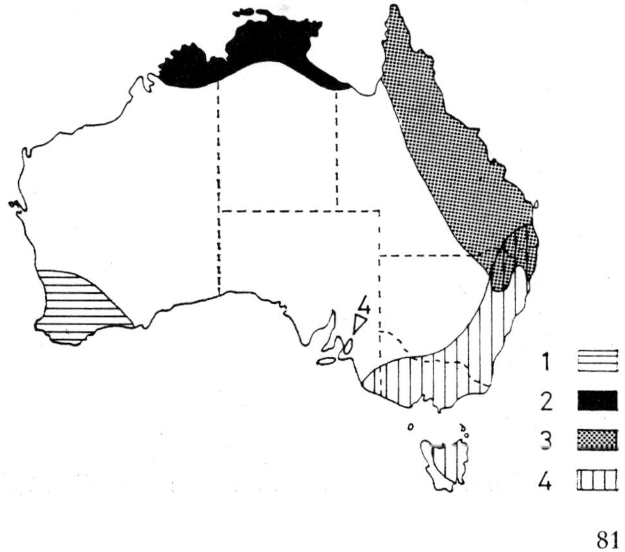

Abb. 38. Verbreitung des Stanleysittichs, *Platycercus icterotis* (1), des Brownssittichs, *P. venustus* (2), des Blaßkopfrosellas, *P. adscitus* (3) und des Rosellasittichs, *P. eximius* (4). Nach Forshaw u. Cooper 1981

lagerung von Melaninen und Lipochromen entsteht. Innerhalb der Lipochrome werden außerdem die roten Farben nach dem trockenen Landesinnern zu mehr und mehr durch Gelb ersetzt.

Der Stanleysittich zeichnet sich als einzige *Platycercus*-Art durch einen deutlichen Geschlechtsdimorphismus aus. Auch das Jugendkleid von *P. icterotis* weicht von dem der anderen Arten ab – es fehlen hier die für die Gattung typischen Wangenflecke. Die Jungvögel sind überwiegend grün gefärbt, weisen aber ein deutlich ausgeprägtes rotes Stirnband auf. Diese Farbverteilung erinnert an das Zeichnungsmuster der neuseeländischen Laufsittiche und ist offensichtlich ein ursprüngliches Merkmal. Dieses Aussehen könnte auch der *Platycercus*-ähnlichen Stammform von *Cyanoramphus* – wie sie Homberger (1980) vorschlägt – eigen gewesen sein. Erst später traten dann die charakteristischen Wangenflecke auf – vermutlich erst nach der Abspaltung der *Barnardius*-Gruppe.

Der Stanleysittich spielt in Westaustralien die gleiche Rolle wie der Rosella im Osten des Kontinents. Er hat sich eng an den Menschen angeschlossen, besucht die Gärten in den Siedlungen und an den Farmhäusern und richtet in Blumen- und Obstgärten großen Schaden an. Auf der Suche nach Weizenkörnern und Unkrautsamen kommt er sogar bis in das Innere von Schuppen und Scheunen. Er darf zu festgelegten Zeiten geschossen werden, doch machen die Farmer nur selten Gebrauch von dieser Erlaubnis. Offenbar gefällt ihnen der kleine schmucke Sittich besonders gut, und im Vergleich zu Ring- und Rotkappensittich fällt sein Schaden auch nicht so sehr ins Gewicht. Durch die Rodung weiter Teile der südwestaustralischen Eukalyptuswälder hat der Stanleysittich sein Verbreitungsgebiet in den letzten Jahrzehnten ausdehnen können, und sein Gesamtbestand ist daher heute größer denn je. Trotzdem hat er niemals die gleiche Häufigkeit erreicht wie der Rosella in Ostaustralien und tritt auch zur Nichtbrutzeit stets nur in kleineren Gruppen auf. Hierfür ist wahrscheinlich die starke Konkurrenz verantwortlich zu machen, die der Stanleysittich durch den Ringsittich *(Barnardius zonarius)* erfährt. Dieser bleibt bei Streitigkeiten um Nisthöhlen stets Sieger und hält die Zahl der Stanleysittiche daher niedrig. Für den Rosella fehlt diese Konkurrenz, da der Ringsittich im Osten des Kontinents die Nähe des Menschen meidet und nicht bis in die dichter besiedelten Gebiete vordringt.

Für den Stanleysittich wurden bis zu 48 Arten von Nahrungspflanzen nachgewiesen (Long 1984). Wie der Rotkappensittich *(Purpureicephalus spurius)* und der Ringsittich *(Barnardius zonarius)*, so hat sich auch der Stanleysittich den veränderten Umweltbedingungen innerhalb seines Verbreitungsgebietes angepaßt. Alle drei Arten ernähren sich heute von einer Reihe eingeschleppter Ackerunkräuter *(Trifolium subterraneum, Arcotheca calendula, Silybum marianum, Carduus spp., Hypochoeris spp., Brizza maxima)*. Wichtigste einheimische Nahrungspflanzen von *Platycercus icterotis* sind *Casuarina*-Arten (Casuarinaceae). Stanley-, Rotkappen- und Ringsittich schließen sich im Sommer und im Herbst in losen Gruppen zusammen. Long (1984) vermutet, daß auf diese Weise die vorhandenen Nahrungsressourcen besser ausgenutzt werden können. Auch *Platycercus icterotis* nimmt besonders während der Brutzeit Insekten – aus fünf verschiedenen Ordnungen – auf. In den Weizenanbaugebieten bilden halbreife und reife Weizenkörner zeitweise seine Vorzugsnahrung. Die Tiere suchen die meiste Nahrung am Boden, wo sie sich sehr geschickt fortbewegen, flink umherlaufen oder gewandt von Scholle zu Scholle hüpfen. Sie sind im allgemeinen sehr vertraut, und man kann sich auf wenige Meter an sie heranpirschen. Der Paarzusammenhalt ist auch zur Nichtbrutzeit sehr innig, die Partner eines Paares entfernen sich niemals sehr weit voneinander. Gegenseitige Fütterungen sind ganzjährig zu beobachten. Jungvögel kraulen einander mitunter im Gefieder, was Erwachsene niemals zu tun scheinen.

Der Lockruf des Stanleysittichs klingt – im Gegensatz zu anderen Rosellas – angenehm flötend *„ti-tüh"*, der Stimmfühlungslaut ist ein leiseres zweisilbiges *„tschink-tschink"*. Der leise Plauderton wird seltener vorgetragen als beim Rosella.

Der Stanleysittich brütet in Astlöchern von Eukalyptusbäumen. Das Gelege besteht aus 3 bis 7 Eiern. Eigröße 20 × 24 mm (Serventy u. Whittell 1976). Brutzeit sind die Monate August bis Dezember, die meisten Gelege findet man im September. Das Weibchen brütet allein, doch entfernt sich das Männchen nicht weit von der Partnerin, sondern hält in der Nähe der Bruthöhle Wache. In regelmäßigen Abständen wird das Weibchen von ihm gefüttert. Fährt man im September im Wagen durch typisches Stanleysittich-Gebiet, dann kann man überall in den hohen Eukalyptusbäumen am Straßenrand die einsamen Wächter sehen, deren Weibchen in der Nähe auf ihrem Gelege brüten.

Der Stanleysittich gelangte 1864 in den Londoner Zoo. Er wird heute in Europa regelmäßig gehalten und gezüchtet. In seinen Ansprüchen ist er dem Rosella ähnlich, hat diesem gegenüber aber einige entscheidende Vorteile. So wird er in der Regel zahmer und zutraulicher und erweist sich anderen Sittichen, aber auch kleinen Waldvögeln und Prachtfinken gegenüber als völlig friedfertig. Außerdem zeichnet er sich durch große Lebhaftigkeit aus und turnt den ganzen Tag in der Voliere umher. Insgesamt ist er also ein idealer Vogel für Anfänger.

10.2. *Platycercus caledonicus* (Gmelin)
Gelbbauchsittich
Engl. Green Rosella, Green Parrot, Mountain Parrot, Yellow-bellied Parrakeet

Verbreitung: Tasmanien und Inseln der Baßstraße (Karte Abb. 37).

Das Gefieder des Gelbbauchsittichs ähnelt in seinem Aussehen dem Jugendkleid anderer Rosellas. Ein australischer Ornithologe hat ihn daher treffend als „never grown up Rosella" bezeichnet. Allerdings sind – im Gegensatz zu *P. icterotis* – die Wangenflecke schon Bestandteil des Jugendkleides, was offenbar ein abgeleitetes Merkmal darstellt. Zweifelsohne handelt es sich aber auch bei *P. caledonicus* um einen ausgesprochen ursprünglichen Vertreter seiner Gattung. Die Intensität der Gefiederfärbung variiert beträchtlich. Jungvögel sind im allgemeinen dunkler gefärbt, und der für alle Rosellas typische Glanz des Gefieders tritt erst bei älteren Individuen auf. Außerdem gibt es geographische Unterschiede. An der Westküste Tasmaniens mit ihrem immerfeuchten Klima und den hohen Niederschlägen bleiben die Tiere zeitlebens dunkel olivgrün, während sie im trockneren Innern und an der Ostküste im Alter eine leuchtend gelbe Brust und blaue Flügelabzeichen aufweisen. Ähnliche Zusammenhänge zwischen Luftfeuchtigkeit und Färbung sind von vielen Kleinvögeln bekannt („Gloger'sche Regel", vgl. S. 85 u. 95).

In Tasmanien ist der Gelbbauchsittich allgemein verbreitet, jedoch nicht so häufig wie der Rosella. Sein Verbreitungszentrum ist der Norden und Nordosten der Insel.

Er bewohnt halboffenes Waldland mit *Banksia-* und *Casuarina-*Arten, doch lebt er heute in der Nähe der Siedlungen auch in offenen Garten- und Parklandschaften. Dabei kommt er bis in unmittelbare Nähe der Farmhäuser. In den Apfelanbaugebieten fällt er – oftmals zusammen mit dem Rosella – in großen Schwärmen ein und richtet teilweise beträchtlichen Schaden an. Die Nahrung besteht aus Grassamen, Früchten, Blütennektar von Eukalyptusbäumen sowie Insekten und deren Larven. Mit besonderer Vorliebe nimmt er heute neben Äpfeln die Hagebutten der Heckenrose und wird häufig auch am eingeführten europäischen Weißdorn beobachtet. Er geht sowohl am Boden als auch in den Spitzen der Bäume auf Nahrungssuche.

Der Ruf des Gelbbauchsittichs ist ein zweisilbiges *„kassik, kassik"*. Daneben läßt er beim Fressen im Schwarm das allen Rosellas eigene flötende oder schwatzende Gezwitscher hören. In der Flugweise unterscheidet er sich von den anderen Rosellas. Er zeigt nicht den charakteristischen Bogenflug, der die übrigen Arten kennzeichnet. Vielmehr fliegt er ohne Aussetzen des Flügelschlages in einem ziemlich reißenden Flug, der an die *Neophema-*Arten erinnert. Im Vergleich zu den übrigen *Platycercus-*Arten handelt es sich zweifellos um eine primitivere Flugweise.

Der Gelbbauchsittich brütet in Astlöchern in relativ großer Höhe. Das Gelege besteht aus 6 bis 9 Eiern. Brutzeit im südlichen Frühsommer (November bis Dezember). Nur eine Brut.

Der Gelbbauchsittich wird nicht so häufig gehalten wie andere Rosellas. Er ist jedoch von allen Arten am anspruchslosesten und am leichtesten zu halten. Er ist nicht so scheu, und seine Rufe sind weniger durchdringend. Außerdem ist er gegen Kälte völlig unempfindlich und kann bedenkenlos im Freien überwintert werden. Auch in seiner Heimat lebt er im Winter vielfach in Eis und Schnee. – Gelbbauchsittiche kamen 1860 erstmals nach London und wurden zuerst 1882 in England gezüchtet.

1964 gelang Ivor Gould (Avicult. Mag. 1967) eine interessante Bastardzucht zwischen einem männlichen Gelbbauchsittich und einem weiblichen Rotkappensittich, die zufällig gemeinsam in einer Brutvoliere gehalten wurden. Das Weibchen legte 5 Eier, die sich alle als befruchtet erwiesen. Die Jungen schlüpften nach einer Bebrütungsdauer von 18 Tagen und verließen mit 6 Wochen den Nistkasten. Sie ähnelten nach der Jugendmauser im Alter von 6 Monaten in der Färbung dem Rotkappensittich, erreichten aber nur die Körpergröße von Rosellas.

Diese Kreuzung ist insofern bemerkenswert, als sie – im Gegensatz etwa zu den zahlreichen Bastardierungen zwischen den verschiedenen Rosella-Arten – sogar die Gattungsgrenze überspringt.

10.3. *Platycercus elegans* (Gmelin)

Pennantsittich, Buschwaldsittich

Engl. Crimson Rosella, Crimson Parrot, Pennant's Parrakeet, Red Lowry, Mountain Lowry

Verbreitung: Ost- und Südaustralien; vom nördlichen Queensland über Neusüdwales und Victoria bis zum Südosten von Südaustralien (Karte Abb. 37). Känguruh-Insel. Eingeführt auf der Insel Norfolk im südlichen Pazifik. Ein mögliches Vorkommen auf der Insel King Island in der Baßstraße war lange Zeit umstritten, scheint jedoch nunmehr außer Zweifel zu stehen (Lendon 1973).

Die Unterartengliederung des Pennantsittichs und die vermutliche Entstehungsgeschichte der einzelnen Unterarten ist besonders interessant und hat zu verschiedenen Theorien und Deutungen geführt. Einige Unterarten sind bei den Vogelliebhabern unter eigenen Namen bekannt.

1. *Platycercus elegans nigrescens* (Ramsey): Nördlicher Pennantsittich. Engl. Northern Crimson Parrot, Campbell Parrakeet. Verbreitung: Küstengebiete von Nordqueensland. Kennzeichnung: Wesentlich kleiner als die nachfolgenden Unterarten. Kräftiger Schnabel, Unterseite, Kopf und die Säume der schwarzen Rückenfedern leuchtend karmesinrot. Partieller Melanismus ist häufig; bei einzelnen Tieren sind Kopfplatte und Rücken nahezu schwarz. – Diese Unterart bietet ein gutes Beispiel für zwei tiergeographische Klimaregeln. Sie folgt einmal der „Gloger'schen Regel", nach der innerhalb einer Art die geographischen Unterarten aus feuchten Gebieten eine stärkere Melaninausbildung, d. h. stärkere Schwarzfärbung, zeigen als die Unterarten der trockeneren Klimazonen. Zum anderen bestätigt sie auch die „Bergmann'sche Regel", der zufolge Unterarten einer Art um so kleiner sind, je wärmere Gegenden sie bewohnen. Diese zweite Gesetzmäßigkeit ist thermoregulatorisch bedingt: je größer ein Tier ist, desto kleiner ist seine Oberfläche im Verhältnis zum Körpergewicht. Für Warmblüter aus kälteren Klimabereichen ist es daher vorteilhaft, wenn sie möglichst groß sind, weil sie dann infolge ihrer verhältnismäßig kleineren Oberfläche geringerer Auskühlung ausgesetzt sind. In der europäischen Vogelwelt bieten Dompfaff und Stieglitz Beispiele für diese Regel, deren große nordische Unterarten den Vogelliebhabern wohlbekannt sind. Auch der australische Pennantsittich folgt der Bergmann'schen Regel: die Unterart *nigrescens* bewohnt die wärmsten Gebiete und ist weitaus am kleinsten.

2. *Platycercus elegans elegans* (Gmelin): Südlicher Pennantsittich. Engl. Crimson Rosella, Crimson Parrot. Verbreitung: Südliches Queensland, Neusüdwales, Victoria, südöstliches Südaustralien, Känguruh-Insel. Kennzeichnung: Größer als die vorige Unterart, wesentlich hellerer Farbton der roten Gefiederteile. Die Übergänge zu *nigrescens* sind fließend. – Diese Unterart bewohnt den mittleren Osten und den ganzen Südosten des Kontinents. Ihrem großen Verbreitungsgebiet entsprechend, zeigt sie eine starke Variabilität in Größe und Aussehen, die viele Autoren dazu veranlaßt hat, sie in weitere Unterarten aufzuspalten. Ganz allgemein sind auch hier die Tiere aus feuchteren Gegenden dunkler gefärbt, doch ist die individuelle Variabilität größer als die geographischen Gesetzmäßigkeiten. A. J. Cain (1955) hat darauf hingewiesen, daß eine weitere Aufgliederung der Unterart aus diesem Grund nicht mehr sinnvoll erscheint.

3. *Platycercus elegans fleurieuensis* (Ashby): Fleurieusittich. Engl. Hindmarsh Parrot. Verbreitung: Fleurieu-Halbinsel/Südaustralien von Kap Jervis bis Mt. Compass. Kennzeichnung: Hell scharlachroter Farbton der roten Unterseite, wesentlich blasser gefärbt als die vorigen Unterarten.

4. *Platycercus elegans adelaidae* (Gould): Adelaidesittich, Fasansittich. Engl. Adelaide Rosella. Verbreitung: Mt. Lofty Range/Südaustralien. Diese Unterart wurde früher als selbständige Art angesehen und wird auch heute von den Vogelliebhabern als eigene Form gezüchtet. Kennzeichnung: Es handelt sich um eine ty-

pische Übergangsform, die sich durch große individuelle Variabilität auszeichnet. In den Schwärmen, die in der Umgebung der Stadt Adelaide beobachtet werden konnten, glich kaum ein Vogel dem anderen (Immelmann, eig. Beob.). Auch die Brutpaare bestehen oft aus sehr verschieden gefärbten Vögeln (Boehm). Die Unterseite ist wesentlich heller als bei der vorigen Unterart und zeigt, namentlich in der Bauchregion, vielfach bereits reingelbe Farbtöne. Es bestehen alle Übergänge in der Färbung von der vorigen zur folgenden Unterart. Alte Männchen sollen mehr Rot im Gefieder haben als Jungvögel und Weibchen (Condon).

5. *Platycercus elegans subadelaidae* (Mathews): Nördlicher Adelaidesittich. Engl. Northern Adelaide Rosella. Verbreitung: Flinders Range/Südaustralien. Kennzeichnung: Nur noch ein schwach rötlicher Anflug auf der Brust und am Kopf. Die schwarzen Rückenfedern sind reingelb gesäumt und zeigen keine Andeutung von Rot. Auch der Bauch ist reingelb gefärbt.

6. *Platycercus elegans flaveolus* (Gould): Strohsittich. Engl. Yellow Rosella, Yellow-rumped Parrakeet. Verbreitung: Südliches Neusüdwales im Gebiet der Flüsse Darling, Murrumbidgee und Lachlan. Kennzeichnung: Kleiner als die vorigen Unterarten. Der Strohsittich ist das Endglied einer fortschreitenden Entwicklung von roter zu gelber Gefiederfarbe. Unterseite, Kopf und die Säume der Rückenfedern sind reingelb gefärbt und zeigen keine rote Pigmentierung mehr. Lediglich an der Stirn hat sich ein rotes Band erhalten, und bei alten Exemplaren weist die Vorderbrust gelegentlich einen schwachrötlichen Anflug auf. Die Jungvögel der letzten drei Unterarten sind nicht zu unterscheiden. – Auch der Strohsittich wurde früher als selbständige Art angesehen. Einige Autoren (Peters 1937, von Boetticher 1964) haben ihn als Unterart von *Platycercus caledonicus* bezeichnet. Diese Zuordnung ist jedoch nicht sinnvoll, da zu *caledonicus* gut ausgeprägte Unterschiede in der Zeichnung bestehen, während es zu *Platycercus elegans adelaidae* gleitende Übergänge gibt. Auch die geographische Verbreitung von *flaveolus* widerspricht einer Zuordnung zu *caledonicus.*

Wie die vorstehende Charakterisierung zeigt, lassen die Unterarten *fleurieuensis* bis *flaveolus* eine zunehmende und ganz kontinuierliche Verdrängung der roten Gefiederfarbe durch Gelb erkennen, auf die von verschiedenen Systematikern hingewiesen worden ist. So schreibt A. J. Cain (1955) wörtlich: „There is a progressive reduction in the amount and extent of the red pigment from *fleurieuensis* to *subadelaidae*, more rapid on the upper than on the under parts". A. Keast schreibt: „. . . extending inland is a chain of distinctive forms in which the dominant red pigment is gradually replaced by yellow." E. Ashby äußert sich ähnlich: „. . . commencing with the northernmost *flaveolus* and ending with the southernmost *adelaidae* the result will show, I believe, a complete gradiation from the highly coloured *fleurieuensis* in the south to the extreme pale yellow form in the north or drier districts." – Diese zunehmende Gelbfärbung steht zweifellos mit der Besiedlung immer trockenerer Lebensräume in Zusammenhang und folgt damit wiederum der bereits erwähnten Gloger'schen Regel. Auch andere Sittiche zeigen um so stärkere Gelbfärbung, je weiter sie in das Landesinnere vordringen *(Platycercus eximius, P. icterotis).*

Besonderes Interesse verlangt die Tatsache, daß auf der Känguruh-Insel noch eine tief rot gefärbte, zur Unterart *elegans* gehörende Form vorkommt, während die gegenüberliegende Festlandküste, die nur 14 km entfernt ist, bereits von der hellroten Unterart *fleurieuensis* bewohnt wird. Das läßt darauf schließen, daß die rote Stammform ursprünglich ein größeres Gebiet bewohnt hat. Mit der zunehmenden Austrocknung des Erdteils wurde sie dann auf die feuchteren, von geschlossenen Wäldern bedeckten Gebiete zurückgedrängt. In den trockeneren Klimabezirken vermochte die Art als solche sich in den verbleibenden Galeriewäldern an den Flußläufen zwar zu halten, doch verursachte das trockene und warme Klima eine zunehmende Veränderung in der Pigmentierung und führte zu eigenen Unterarten. Nur auf der vom Festland isolierten, relativ feuchten Känguruh-Insel blieb die Nominatform bis heute erhalten.

Die vollkommen gleitenden Übergänge zwischen den geschilderten Formen lassen keinen Zweifel daran bestehen, daß es sich auch bei Stroh- und Adelaidesittich, die früher als eigene Arten angesehen wurden, lediglich um Unterarten des Pennantsittichs handelt. In Südaustralien bilden die einzelnen Unterarten einen sich schließenden Ring, so daß die östliche Verbreitungsgrenze von *flaveolus* wieder mit der Nominatform zusammenstößt (Karte Abb. 37). Obwohl beide Unterarten gelegentlich im selben Gebiet vorkommen, scheint sich ihr Brutgebiet jedoch nicht zu überschneiden, sondern durch einen etwa 30 km breiten Streifen getrennt zu sein (Cain 1955). Trotzdem wurden gelegentlich Bastarde beobachtet, die in ihrem Aussehen erwartungsgemäß der intermediären Unterart *adelaidae* ähnlich sehen (Hobbs 1958). Das Auftreten dieser Bastarde ist folgendermaßen zu erklären: in den umherwandernden winterlichen Schwärmen treffen beide Unterarten regelmäßig zusammen. Da die Paarbildung bei Sittichen schon lange vor dem Beginn der Brutzeit im Schwarm und damit vielfach weitab vom Brutgebiet erfolgt, kann es vorkommen, daß sich in den gemischten Schwärmen Tiere beider Unterarten miteinander verpaaren. Zu Beginn der Brutzeit ist dann die Paarbindung bereits stärker als die Bindung an das angestammte Brutgebiet, und der „falsche" Partner wandert mit in das Brutgebiet der anderen Unterart.

Das Zusammentreffen von *elegans* und *flaveolus* stellt eine tiergeographisch interessante Erscheinung dar. Folgen wir dem „Unterartenring" von *elegans* über *fleurieuensis*, *adelaidae* und *subadelaidae* bis zu *flaveolus*, so stellen wir nur eine kontinuierliche Farbentwicklung fest, in der alle scharfen Grenzen fehlen. Dort aber, wo sich der Kreis schließt und wo das Endglied dieser Entwicklung wieder mit der Ausgangsform zusammenstößt, haben wir zwei distinkte Formen, die man bei Unkenntnis des gesamten Unterartenkreises ohne weiteres als verschiedene Arten bezeichnen würde und früher auch bezeichnet hat. – Ein Parallelbeispiel hierzu liefert die Kohlmeise *(Parus major)*. Von Europa aus führt eine Kette von Unterarten über den europäischen Teil der Sowjetunion nach Sibirien, eine andere über Kleinasien nach Vorder- und Hinterindien. Wo beide Ketten im Amurgebiet wieder zusammenstoßen, sind sie bereits so verschieden, daß sie unvermischt nebeneinander leben und man sie ohne Kenntnis der Zusammenhänge als verschiedene Arten ansehen könnte (Rensch 1929, 1932). Ähnliche Erscheinungen gibt es bei der Silber- und Heringsmöwe *(Larus argentatus* und *L. fuscus)* (Stegman 1934, Stresemann u. Timoféef-Ressovsky 1947) und beim Grünen Laubsänger *(Phylloscopus trochiloides)* (Ticehurst 1938).

Unabhängig von den geschilderten Unterarten des Pennantsittichs sind in Freiheit einige Farbanomalien beobachtet worden. So schoß H. L. White in Neusüdwales aus einem Schwarm normal gefärbter Pennantsittiche ein xanthochromatisches Exemplar, bei dem alle normalerweise blauen und schwarzen Gefiederteile (Wangen, Schwanzfedern, Flügelfedern, Zentren der Rückenfedern) hellgelb gefärbt waren. Hier waren demnach die Melanine ausgefallen und durch Fettfarbstoffe (Lipochrome) ersetzt worden. Eine entgegengesetzte Mutation beschreibt H. T. Condon aus Victoria. Bei diesem Tier fehlten die Lipochrome völlig, so daß die normalerweise roten Gefiederpartien (Kopf, Unterseite, Säume der schwarzen Rückenfedern) schmutzig weiß oder fahlgrau erschienen.

Der Name „Pennantsittich" ist auf einen Einwohner der damaligen Kolonie Neusüdwales zurückzuführen. Mr. Pennant brachte dem englischen Zoologen Dr. John Latham ein geschossenes Exemplar dieses Sittichs, nach dem Latham im Jahre 1781 die Art beschrieb und dem Überbringer zu Ehren benannte.

Der Pennantsittich ist ein Bewohner relativ geschlossener Waldgebiete. Durch die großflächigen Rodungen in Ostaustralien ist sein Bestand daher in den letzten Jahrzehnten stark zurückgegangen. Im gleichen Maße hat sich andererseits der Rosella ausgedehnt, der offenere Landschaften bevorzugt (S. 95). So ist der Pennantsittich in vielen Gebieten bereits völlig verdrängt worden (Brereton). Die Tiere sind im allgemeinen wenig scheu und lassen einen Menschen bis auf wenige Meter herankommen.

Pennantsittiche bewohnen sehr verschiedene Klimazonen. Während die nördlichsten Populationen in tropischen Urwäldern zu Hause sind, leben die Tiere an der südlichen Grenze ihres Verbreitungsgebietes in einem Klima, das nur wenig wärmer ist als Mitteleuropa. Da der Pennantsittich außerdem im ostaustralischen Randgebirge noch in erstaunlich großen Höhen vorkommt (Forshaw beobachtete ihn am Mount Kosciusko, dem höchsten Berg Australiens, in 2000 m Höhe), leben die Gebirgspopulationen im Winter sogar regelmäßig in Eis und Schnee.

Der Adelaidesittich ist nicht mehr so eng an geschlossene Wälder gebunden wie der eigentliche Pennantsittich, sondern lebt in schmalen Galeriewaldstreifen und offeneren Savannen. Er hat sich enger an den Menschen angeschlossen und kommt bis in die Gärten und Parkanlagen der Siedlungen. In den Vororten der Großstadt Adelaide ist er allgemein häufig und fällt zur Zeit der Fruchtreife in großer Zahl in die Vorstadtgärten ein. In den frühen dreißiger Jahren hat er erstmals auch in einem Vorort von Adelaide gebrütet. Sein Bestand hat in den letzten drei Jahrzehnten ständig zugenommen. In allerneuester Zeit hat allerdings auch der Adelaidesittich durch den Rosella einen gefährlichen Konkurrenten bekommen, der plötzlich in der Nähe von Adelaide aufgetaucht ist. Diese Rosellas stammen offenbar von Volierenvögeln ab, die entflogen sind oder ausgesetzt wurden (S. 95). Sie fanden in der Umgebung der Stadt so günstige Lebensbedingungen, daß sie sich rasch vermehrten und heute bereits an den verschiedensten Stellen in kleinen Schwärmen auftauchen. Auch hier erweist sich der Rosella als stärkere Art und beginnt, den Adelaidesittich zu verdrängen.

Der Strohsittich schließlich bewohnt bereits die eigentlichen Trockengebiete, ist dort aber streng an die lichten Galeriewälder *(Eucalyptus camaldulensis)* am Ufer der großen Flüsse Darling, Murrumbidgee und Lachlan gebunden.

Lebensweise und Verhalten sind bei den einzelnen Unterarten weitgehend identisch. Zur Brutzeit leben sie paarweise oder in kleinen Gruppen. Nach dem Ende der Brut bleiben die Jungen in der Regel noch monatelang bei ihren Eltern. Daher trifft man die Tiere um diese Zeit meist in kleinen Familiengruppen. Vielfach (bei Adelaide- und Strohsittich offenbar häufiger als beim Pennantsittich) schließen sich auch mehrere Familien zu kleinen Schwärmen zusammen, doch ist die Schwarmbildung bei dieser Art nicht so ausgeprägt wie beispielsweise beim Rosella. Magrath u. Lill (1985) untersuchten die Ökologie des Pennantsittichs im südlichen Victoria. Im Herbst konnten die immaturen Vögel vor allem in den Randzonen des Waldes *(Eucalyptus regnans)* beobachtet werden. Im Gegensatz zu den adulten Pennantsittichen, die sich mehr im Waldesinneren aufhalten, neigen sie stärker zur Geselligkeit.

Die Tiere fressen vorwiegend am Boden, selten auch in den Spitzen der Bäume. Im Gegensatz zu den Sittichen aus den trockenen und heißen Gebieten im Innern Australiens sind sie praktisch den ganzen Tag auf Nahrungssuche. Die Nahrung besteht aus Samen, Früchten, Insekten und Blütennektar von Eukalyptusbäumen. Halbreife und reife Grassamen werden bevorzugt, doch fressen die Tiere heute in großem Umfang auch die Samen der – größtenteils eingeschleppten – Ackerunkräuter, wie Nachtschatten *(Solanum nigrum)*, Miere *(Stellaria media)*, Sauerampfer *(Rumex acetosella)*, Wolfsmilch *(Euphorbia drummondi)*, Disteln *(Carduus tenuiflorus)* und verschiedener anderer Kompositen. Die Samen von Bäumen und Sträuchern *(Eucalyptus-, Acacia-* und *Xanthorrhoea*-Arten) stehen ebenso auf dem Speisezettel wie neuerdings der eingeführte europäische Klee *(Trifolium glomeratum, T. subterraneum)* und halbreife Weizen- und Haferkörner. Große Körner werden regelmäßig geschält, kleine werden unzerkleinert aufgenommen. Daneben fressen Pennantsittiche Früchte und Insekten in weit größerem Ausmaß, als allgemein angenommen wird. Sie nehmen verschiedene Beeren, Pflaumen, Kirschen, Birnen, Quitten, Pfirsiche und Aprikosen, scheinen aber auf Äpfel besonders versessen zu sein. Die Insektennahrung besteht in erster Linie aus den Raupen von kleinen Schmetterlingen, Motten und aus den Larven von Laufkäfern (Carabidae), Rüsselkäfern (Curculionidae) Termiten (Isoptera, Gattung *Coptotermes*), Schaumzikaden (Cercopidae), Blattflöhen (Psyllidae), Schildläusen (Coccidae) und Blattläusen (Aphidina). Letztere lösen sie möglicherweise aus ihren Gallen heraus. Erwachsene Insekten scheinen nur selten genommen zu werden. Im Magen einiger Tiere fand man kleine Stücke von Holzkohle sowie kleine Steine und Flußsand (Bridgewater 1934, Lea u. Gray 1935). Über die „Nützlichkeit" oder „Schädlichkeit" des Pennantsittichs gehen die Meinungen weit auseinander. Während er in den Obstplantagen sehr viel Schaden anrichtet, macht er zweifellos einen großen Teil dieses Schadens wieder gut, indem er schädliche Insektenlarven vertilgt.

Pennantsittiche nisten in Astlöchern oder hohlen Baumstämmen in relativ großer Höhe. Brutzeit ist der südliche Frühling und Frühsommer (August bis Dezember). In besonders regenreichen Jahren findet man auch im Herbst vereinzelte Gelege. Eizahl 4 bis 6, gelegentlich 7 oder 8. Eimaße 23 × 26–27 mm. Nicht selten behält ein Paar seine Bruthöhle jahrelang bei. Im Jugendkleid sind die beim Erwachsenen roten Gefiederteile grün gefärbt. Nur bei der Unterart *nigrescens* gleichen die Jungen beim Verlassen des Nestes vielfach bereits den Altvögeln. Bei den südlichen Unterarten scheinen die roten Gefiederpartien im Alter intensiver gefärbt zu sein (Condon

1941). – A. E. Bridgewater (1934) fand bei einer großen Anzahl von geschossenen Pennantsittichen, daß das Gefieder überaus stark von Milben und Federlingen befallen ist.

Vier Unterarten des Pennantsittichs werden regelmäßig – jedoch selten in reiner Form – in Menschenobhut gehalten und gezüchtet: *nigrescens* (Kleiner Pennantsittich), *elegans* (Großer Pennantsittich), *adelaidae* (Adelaidesittich) und *flaveolus* (Strohsittich). Der Pennantsittich als Waldbewohner ist in der Voliere wesentlich zutraulicher als die steppenbewohnenden *Platycercus*-Arten. Die erwähnten Unterarten kamen zwischen 1861 (Großer Pennantsittich) und 1867 (Strohsittich) zum ersten Mal nach Europa.

Über das Jugendkleid des Pennantsittichs besteht bei den Züchtern vielfach Unklarheit. Die nördliche Unterart *(nigrescens)* ist beim Verlassen des Nestes bereits rot gefärbt (s. o.). Die große Unterart *(elegans)* dagegen verläßt das Nest in Freiheit stets in einem grünen Jugendkleid und mausert erst im folgenden Jahr in das Alterskleid um. In Gefangenschaft sind auch Jungvögel dieser Unterart vielfach ganz oder teilweise rot gefärbt. Das kann auf Einkreuzungen der kleinen Unterart zurückzuführen sein, kann jedoch auch einen anderen Grund haben. Die Federanlage wird bereits kurze Zeit nach der Ausbildung des Jugendkleides auf das Alterskleid umgestimmt. Wird das Wachstum des Vogels infolge schlechter Ernährung verlangsamt, dann bleibt auch das Federkleid in seiner Entwicklung zurück, und die Umstimmung kann bereits vor der Ausbildung der Jugendfedern erfolgen. Dann wird das Jugendkleid ganz oder teilweise übersprungen, und der Jungvogel gleicht beim Ausfliegen schon weitgehend den erwachsenen Artgenossen. Eine ähnliche Erscheinung ist von der südafrikanischen Rotkopfamadine *(Amadina erythrocephala)* bekannt, die in Freiheit das Nest im Jugendkleid verläßt, in Menschenobhut aber infolge unzureichender Ernährung vielfach schon mit der roten Kopfplatte des Altvogels ausfliegt (Nicolai, pers. Mitt.).

Eine experimentelle Bestätigung dieser zeitweise heftig umstrittenen Theorie hat Preussiger (Gef. Welt 1964) durch ganz einfache Versuche erbracht: er kennzeichnete in jedem Nistkasten die Hälfte der Jungen mit Fußringen. Die gezeichneten Tiere wurden täglich 2–5 Stunden aus dem Nest entfernt, so daß sie insgesamt nicht so viel gefüttert werden konnten wie die übrigen Geschwister. Die verbliebenen Jungen dagegen wurden vom Pfleger sogar noch zusätzlich mit einer Futterspritze nachgefüttert. Diese Versuche wurden zwei Jahre hindurch bei mehreren Paaren durchgeführt und erbrachten immer das gleiche Ergebnis: die vorübergehend aus dem Nest entfernten (d. i. schlecht ernährten) Jungtiere kamen mit rotem, die verbliebenen (d. i. gut ernährten) dagegen mit grünem Gefieder aus dem Nest. Da es sich bei den unterschiedlich gefärbten Jungtieren stets um Geschwister handelte und da alle übrigen Umweltfaktoren bei ihrer Aufzucht für alle Jungtiere identisch waren, ist damit bewiesen, daß die Gefiederfarbe, mit der junge Pennantsittiche das Nest verlassen, von ihrer Ernährung während der Nestlingszeit abhängt. Dabei ist – wie Preussiger ebenfalls feststellte – die Versorgung der Jungen in den ersten 14 Lebenstagen von größter Bedeutung.

10.4. *Platycercus adscitus* (Latham)
Blaßkopfrosella, Blaßkopfsittich, Blaukopfsittich
Engl. Pale-headed Rosella, Blue-cheeked Parrot, Grey-rumped Parrot

Verbreitung: Nord- und Ostqueensland, nördliches Neusüdwales, gelegentlich südlich bis Sydney (Karte Abb. 38).

2 Unterarten.

1. *Platycercus adscitus adscitus* (Latham): Gelbbürzliger Blaßkopfrosella, Blauwangensittich, Amathusiasittich. Engl. Blue-cheeked Parrot. Verbreitung: Nordqueensland. Kennzeichnung: Bürzel mit gelblichem Farbton, weiße Wangenflecke auf der Unterseite mehr oder minder stark blau gesäumt.

2. *Platycercus adscitus palliceps* (Lear): Blaubürzliger Blaßkopfrosella. Engl. White-cheeked Rosella. Verbreitung: Ostqueensland südlich von Cairns, nördliches Neusüdwales. Kennzeichnung: Bürzel blau, weiße Wangenflecke in der Regel ohne blauen Saum.

Zwei weitere Subspezies – *mackaiensis* und *amathusiae* – sind beschrieben worden (Cain 1955). Offensichtlich handelt es sich aber bei diesen beiden Formen ebenfalls um Vertreter der Unterarten *palliceps* und *adscitus* (Ford 1986).

Die Unterschiede sind nicht immer deutlich erkennbar, da sich der Blaßkopfrosella durch eine überaus große individuelle Variabilität in der Gefiederfärbung auszeichnet und daher gelegentlich Zeichnungsformen der einen Unterart im Gebiet der anderen auftreten. Die große Variationsbreite in der Färbung wurde von Cayley (1938) besonders hervorgehoben. Nach seinen Angaben findet man in manchen Gegenden keine zwei Tiere, die einander völlig gleichen. Im Süden des Verbreitungsgebietes ist die Variabilität durch die erwähnte (S. 79) regelmäßige Vermischung mit dem Rosella besonders groß. Namentlich die Jungvögel zeigen regelmäßig Andeutungen einer roten Kopfmaske, die bei den meisten – aber nicht bei allen – im Alter wieder verschwinden. Auch im Brustgefieder tauchen gelegentlich einzelne rote Federn auf. Viele junge Blaßkopfrosellas aus der Überlappungszone beider Arten sind nicht von den Jungvögeln des Rosellas zu unterscheiden.

Im Los Angeles County Museum fand ich den Balg eines abnorm gefärbten Blaßkopfrosella, der in der Carnavon Range in Queensland erbeutet worden war. Sein Zeichnungsmuster ist von grundsätzlichem Interesse: die einheitlich hellgelbe Färbung des Kopfes dehnt sich über den ganzen Rücken aus, ersetzt also die in der Gattung *Platycercus* übliche Schuppenzeichnung des Rückens. Dieses mutativ entstandene Zeichnungsmuster stellt eine interessante Parallelentwicklung zu der bereits erwähnten Mutation „Opal" beim Wellensittich dar.

Bei der Besprechung dieser Mutation (S. 78) wurde erwähnt, daß die Querwellung der Feder als ursprünglich zu gelten hat, während die Schuppenzeichnung, bei der das schwarze Pigment im Zentrum der Feder konzentriert ist, eine höhere Entwicklungsstufe darstellt. Der nächstfolgende Schritt ist der Übergang zur völligen Einfarbigkeit der Feder, der sich stets zuerst in der Kopfregion vollzieht. So haben alle *Platycercus*-Arten eine einheitliche Kopffarbe mit großflächigen Zeichnungsmustern (Wangenflecke), jedoch ohne jede Andeutung einer Wellen- oder Schuppenzeichnung. Beim Blaßkopfrosella vollzieht sich dieser Übergang noch heute im Verlauf der Jugendentwicklung, da beim Jungvogel noch Reste der ursprünglichen Querwellung am Kopf vorhanden sein können, die sich im Alter völlig verlieren. Auch die Mutation „Opal" beim Wellensittich zeigt die gleiche Entwicklungsrichtung: am Kopf ist die Querwellung völlig verschwunden und durch eine einheitliche Färbung ersetzt worden. Bei dem abnorm gefärbten Blaßkopfrosella aus dem Museum von Los Angeles ist diese Entwicklung noch einen Schritt weitergegangen, indem auch die Schuppenzeichnung des Rückens völlig verschwunden ist und sich die einheitliche Färbung über den ganzen Rücken ausgedehnt hat.

In seiner Lebensweise ähnelt der Blaßkopfrosella dem Rosella *(P. eximius)*. Eine Nutzung voneinander abweichender Nahrungsressourcen weist jedoch auf unterschiedliche Nischenbildungen hin. Beide Arten sind in erster Linie herbivor, nehmen aber – besonders während der kalten Monate – auch Insekten (Psyllidae, Coccidae) auf (Cannon 1981, 1983). Der Rosella weist ein umfangreicheres Nahrungsspektrum auf und frißt Früchte und Samen von 82 Pflanzenarten. Er sucht seine Nahrung vornehmlich auf dem Boden. Für den Blaßkopfrosella konnten deutlich weniger Nahrungspflanzen (47 Arten) nachgewiesen werden, zudem hält er sich zur Nahrungsaufnahme häufiger in Bäumen auf als der Rosella. Lediglich 9 Pflanzenarten (4 Gräser, 4 Kräuter und 1 Baum) sind gemeinsame Bestandteile der Nahrungsspektren beider Arten. Bei der Nahrungsaufnahme auf Bäumen wird die Nahrung im Fuß gehalten; bemerkenswert ist hierbei, daß der rechte Fuß deutlich häufiger benutzt wird. In den Maisfeldern, wo er sich die halbreifen Körner aus den Kolben herausklaubt, richtet der Blaßkopfrosella oft großen Schaden an. Die Farmer legen vielfach vergiftete Körner aus und töten damit große Mengen dieser Tiere. – Der Lockruf des Blaßkopfrosella ist ein zwei- bis dreisilbiges *„tä-tlü, tä-tä-tlü"*, der Stimmfühlungslaut ein krächzendes, etwas metallisch klingendes Gezwitscher.

Der Blaßkopfrosella brütet in Astlöchern, nach Möglichkeit in der Spitze von Eukalyptusbäumen. Die als Nistplatz ausgewählten Höhlen sind oft erstaunlich tief, der Boden der Nestkammer befindet sich nicht selten 1–2 m unter der Eingangsöffnung. Das Gelege besteht aus 3 bis 5 Eiern. Im Süden seines Verbreitungsgebietes brütet der Blaßkopfrosella im Frühling, d. h. im September bis Dezember. In Nordqueensland dagegen liegt seine Brutzeit am Ende der Regenzeit, d. h. etwa vom Februar bis zum Juni. Regnet es jedoch außerhalb der eigentlichen Regenzeit, so kann er auch in anderen Monaten des Jahres zur Brut schreiten.

Der Blaßkopfrosella kam 1863 zum erstenmal in den Londoner Zoo. Er wird heute in Europa nahezu ebenso häufig gehalten wie der Rosella. Die Jungvögel zeigen auch in Menschenobhut vielfach Andeutungen der roten Kopfmaske oder einzelne rote Federn auf der Brust, die mit der ersten Mauser in der Regel wieder verschwinden.

10.5. *Platycercus venustus* (Kuhl)

Brownssittich, Schwarzkopfsittich, Schwarzkopfrosella
Engl. Northern Rosella, Browns Parrot, Smutty Parrot

Verbreitung: Küstennahe Gebiete im Kimberley-Distrikt (Nordwestaustralien) und im nördlichen Nordterritorium, ferner die Inseln Melville und Bathurst vor der nordaustralischen Küste (Karte Abb. 38).

Unterarten sind nicht erkennbar, doch zeigt der Brownssittich eine überaus große individuelle Variabilität in der Gefiederzeichnung. Sie betrifft in erster Linie die Ausdehnung und Farbe der Wangenflecke, die bei manchen Tieren reinweiß, bei anderen bläulich verwaschen sind (Condon 1941). Vermutlich spielen hierbei auch Altersunterschiede eine Rolle, doch liegen noch keine genaueren Angaben vor. John Gould erlegte einen Brownssittich, dessen Oberkopf tiefrot gefärbt war. Diese Farbabweichung ist besonders interessant, da die meisten *Platycercus*-Arten ebenfalls eine rote Kopffarbe aufweisen. Entweder stammt der Brownssittich von rotköpfigen Vorfahren ab, oder er beginnt, sich umgekehrt in Richtung auf eine rote Kopffarbe zu entwickeln. Verwandtschaftlich steht der Brownssittich den übrigen Arten etwas ferner und nimmt sowohl in der Zeichnung als auch im Lebensraum eine gewisse Sonderstellung ein. Sein nächster Verwandter scheint der Blaßkopfrosella zu sein, von dessen Verbreitungsgebiet er aber durch eine breite Zone getrennt ist, in der keine Rosella-Arten vorkommen.

Der Brownssittich wurde zu Ehren des bekannten Botanikers Robert Browns benannt, der sich große Verdienste um die Erforschung Nordaustraliens erworben und auch diesen Sittich erstmals beschrieben und benannt hat.

Der Brownssittich scheint in seiner Heimat sehr selten geworden zu sein. Während eines siebenmonatigen Aufenthaltes im Verbreitungsgebiet dieser Art (Kimberley-Distrikt und Nordterritorium) wurde nur dreimal eine kleine Gruppe beobachtet (Immelmann, eig. Beob.). Die Tiere sind außerordentlich scheu und fliehen schon auf große Entfernung. Auch von anderen Beobachtern wird die große Seltenheit des Brownssittichs hervorgehoben (Sedgwick 1947). Lendon (1973) sah auf einer Reise, die ihn im Juli–August 1964 durch das ganze Nordterritorium von Alice Springs bis nach Darwin und zurück führte, insgesamt nur 12 Tiere im Gebiet zwischen Pine Creek und El Sherana nördlich des Ortes Katherine. Früher scheint der Brownssittich dagegen in wesentlich größerer Zahl vorgekommen zu sein. Nach den Angaben von John Gould war er sogar recht häufig. Es ist möglich, daß – wie so oft bei nord- und zentralaustralischen Vögeln – nur eine Bestandsverschiebung stattgefunden hat, d. h. daß die Tiere in andere Gebiete – möglicherweise weiter ins Landesinnere – abgewandert sind. Da diese Teile Australiens inzwischen allerdings bereits recht gut durchforscht sind und da eine Rosella-Art wesentlich auffälliger und leichter zu entdecken ist als die heimlicheren *Neophema*- und *Psephotus*-Arten, hat diese Annahme leider wenig Wahrscheinlichkeit. Es ist vielmehr zu befürchten, daß die Bestandsabnahme andere Ursachen hat und daß der Brownssittich noch weiter zurückgehen wird. Der Mensch scheint an diesem Rückgang allerdings nicht schuld zu sein, da der Norden und Nordwesten Australiens noch nahezu unbesiedelt und in ihrem Vegetationsbild unverändert sind. So bietet der Brownssittich ein Beispiel, wie eine Tierart auch ohne Zutun des Menschen relativ rasch verschwinden kann, wenn sie sich aus irgendeinem Grunde nicht mehr als lebensfähig erweist. Unter den nordaustralischen Prachtfinken geht die Gouldamadine *(Chloebia gouldiae)* einem ähnlichen Schicksal entgegen.

Über die Lebensweise des Brownssittichs ist nicht viel bekannt. Nach den Angaben von Lendon (Avicult. Mag. 1965) unterscheidet sie sich nicht unbeträchtlich von der der übrigen Rosella-Arten. So halten sich die Tiere offenbar vorzugsweise im Astwerk der Bäume auf und werden nur selten vom Boden aufgescheucht. Auch sind sie wesentlich weniger stimmfreudig. Am Boden sind sie – wie auch andere Rosellas – völlig stumm, und nur in den Baumspitzen lassen sie gelegentlich eine schnelle Folge mehrsilbiger, wie *„trin-sii, trin-sii“* klingender Rufe hören. Die häufigen, lauten und durchdringenden Rufe anderer Arten fehlen völlig.

Der Brownssittich bewohnt offene Eukalyptussavannen und lichte Galeriewälder an den Ufern permanenter Flüsse oder periodischer Wasserläufe („Creeks“). An der Küste dringt er sogar bis in die Mangrovezonen, d. h. bis unmittelbar an das Meer vor. Seine Nahrung besteht aus Samen von Gräsern und Sträuchern *(Acacia)* und aus wilden Früchten. Wahrscheinlich nimmt er wie seine Verwandten auch Insektennahrung zu sich. – Die Tiere kommen nur morgens und abends zur Tränke und verbringen die heißen Mittagsstunden im Schatten eines Baumes.

Der Brownssittich brütet in Astlöchern relativ hoch über dem Boden. Er bevorzugt die unmittelbare Nähe von Wasser. Das Gelege ist kleiner als bei den übrigen *Platycercus*-Arten und besteht nur aus 2 bis 3 Eiern. Die Brut fällt in die Regenzeit, d. h. in die Monate Dezember bis Februar. Frith u. Davies (1961) fanden in der Nähe von Darwin allerdings auch im Juni brütende Brownssittiche. Im Gegensatz zu anderen australischen Sittichen behält der Brownssittich in Europa seine Brutzeit bei, brütet also in unseren Wintermonaten und stellt sich nur selten auf die wärmere Jahreszeit um. Das ist um so erstaunlicher, als gerade die nordaustralischen Vogelarten normalerweise in bezug auf ihre Brutzeit besonders labil sind und sich leicht an die veränderten Verhältnisse in anderen Erdteilen anpassen.

Der Brownssittich kam erst 1899 als einer der letzten australischen Sittiche nach London. Er wird auch heute nur selten gehalten und ist wegen der ungünstigen Lage seiner Brutzeit sehr schwer zu züchten. Gegenüber tiefen Temperaturen ist er empfindlicher als die übrigen *Platycercus*-Arten, worauf bei der Überwinterung zu achten ist.

10.6. *Platycercus eximius* (Shaw)
Rosellasittich, Rosella
Engl. Rosella, Eastern Rosella, Red-backed Rosella

Der Name Prachtrosella, der häufig für die Art gebraucht wird, sollte auf die Unterart *ceciliae* beschränkt bleiben.
Verbreitung: Ostaustralien vom südwestlichen Queensland über Neusüdwales und Victoria bis zum südöstlichen Südaustralien, Tasmanien (Karte Abb. 38).
Platycercus eximius ist durch reinweiße Wangenflecke gekennzeichnet. Vermutlich handelt es sich hierbei um die am stärksten abgeleitete Form. Der blaue Anteil in den ansonsten weißen Wangenflecken von *P. adscitus* und *P. venustus* – ein Merkmal, das diese beiden Arten mit den ursprünglichen Arten *P. caledonicus* und *P. elegans* verbindet – ist bei *P. eximius* gänzlich verschwunden.

Es werden drei gut erkennbare Unterarten unterschieden:

1. *Platycercus eximius eximius* (Shaw): Rosella. Engl, Eastern Rosella. Verbreitung: Südliches Neusüdwales, Victoria, südöstliches Südaustralien. Kennzeichnung: Unterseite grünlichgelb, in der Aftergegend grün. Rückenfedern schwarz mit gelben Säumen.

2. *Platycercus eximius diemensis* (North): Tasmanischer Rosella. Engl. Tasmanian

Rosella. Verbreitung: Tasmanien. Kennzeichnung: Weiße Wangenflecke deutlich größer, Kopf und Brust leuchtender und intensiver gefärbt als bei der vorigen Unterart. Auf der Brust dehnt sich das Rot weiter nach unten aus.

3. *Platycercus eximius ceciliae* (Mathews): Prachtrosella, Gelbmantelsittich. Engl. Splendid Parrakeet, Golden-mantled Parrakeet, Yellow-mantled Parrot. Verbreitung: Inneres von Südqueensland und Neusüdwales. Kennzeichnung: Die Säumung der Rückenfedern und die Unterseite sind reingelb. Es bestehen alle Übergänge zur Nominatform: je trockenere Gebiete eine Population bewohnt, desto ausgeprägter ist die gelbe Färbung.

Die Unterart *ceciliae* bildet ein weiteres Beispiel für die bereits erwähnte Gloger'sche Regel, nach der eine geographische Unterart um so stärkere Melaninausbildung zeigt, je feuchtere Klimabezirke sie bewohnt. Die grüne Farbe der Vogelfeder wird, mit wenigen Ausnahmen, nicht von einem eigenen Farbstoff, sondern durch die Überlagerung von Blau und Gelb erzielt. Blau wiederum entsteht durch schwarzes Melanin, dem lichtbrechende Strukturen vorgelagert sind. Je weiter der Rosellasittich in das trockene Landesinnere vordringt, um so geringer wird die Melaninablagerung, desto stärker geht dementsprechend der blaue Farbanteil in den grünen Federn zurück, bis am Ende dieser Entwicklungsreihe eine reingelbe Färbung erreicht ist. Die gleiche Erscheinung ist bei den verschiedenen Unterarten des Ringsittichs *(Barnardius zonarius)* zu beobachten (S. 100). – Unabhängig hiervon zeichnet sich auch innerhalb der Lipochrome eine ähnliche Gesetzmäßigkeit ab, indem die roten Bestandteile (Zoonerythrine) nach dem trockenen Landesinnern zu mehr und mehr durch gelbe Lipochrome ersetzt werden. Beispiele hierfür bilden der Stanleysittich und die Unterarten des Pennantsittichs.

Interessanterweise hat sich der Prachtrosella in den letzten Jahrzehnten immer weiter küstenwärts ausgedehnt und kommt heute in weiten Gebieten vor, die früher von der Nominatform bewohnt waren (White). Diese Erscheinung steht zweifellos mit der zunehmenden Austrocknung Australiens in Zusammenhang. Auch andere typische Inlandformen (Schopftaube, Zebrafink) dringen in neuerer Zeit immer weiter in die küstennahen Gebiete vor.

Der Rosella ist ursprünglich ein Bewohner offener Savannenlandschaften. Mit der dichteren Besiedlung Ostaustraliens hat er sich eng an den Menschen angeschlossen und ist der ausgesprochenste Kulturfolger unter allen australischen Sittichen. Er ist zum Charaktervogel der Ackerbaugebiete geworden und hat in neuerer Zeit überaus stark zugenommen. In den Parkanlagen im Zentrum von Canberra und auch in den Vororten von Sydney ist er allgemein häufig (Immelmann, eig. Beob.). Durch die Rodung weiter Waldgebiete hat er außerdem sein Verbreitungsgebiet ausdehnen können. In der Umgebung der südaustralischen Stadt Adelaide ist er offenbar erst kürzlich vom Menschen eingebürgert worden.

Lebensweise und Nahrungswahl entsprechen weitgehend denen des Pennantsittichs. Die Tiere gehen gruppenweise, außerhalb der Brutzeit auch in großen Schwärmen, auf Nahrungssuche (s. u.). Gelegentlich schließen sie sich mit Singsittichen *(Psephotus haematonotus)* zu gemischten Gruppen zusammen. Die Nahrung besteht aus Sämereien, Früchten und Insekten. In erster Linie ernährt sich der Rosella von Grassamen (Cannon 1980). Diese Samen werden auch aus den Exkrementen von Rindern herausgeklaubt. Seiner Nahrungswahl entsprechend hält sich der Rosella häufig auf dem Erdboden auf. Bridgewater (1934), Lea u. Gray (1935) fanden bei Kropfuntersuchungen die Samen folgender Pflanzen: Gräser (*Panicum*, *Setaria*, Weizen, Hafer), Seggen *(Carex)*, Klee *(Trifolium subterraneum*, *T. glomeratum*, *T. minus)*, Sauerklee (*Oxalis* spec.), Nelken *(Silene gallica*, *Cerastium vulgatum)*, Miere *(Stellaria media)*, Sauerampfer *(Rumex acetosella)*, Storchschnabel *(Erodium)*, Wolfsmilch *(Euphorbia drummondi)*, Hahnenfuß *(Ranunculus muricatus)*, Gänsefuß (*Chenopodium* spec.), Luzerne *(Medicago)* und Disteln *(Carduus marianus*, *Cirsium arvense)*. Diese Zusammenstellung zeigt, daß sich der Rosella – ähnlich wie der Pennantsittich – heute hauptsächlich von eingeführten Anbaupflanzen (Getreide, Klee, Luzerne) und Ackerunkräutern ernährt. Auf den Feldern richtet er stellenweise großen Schaden an, hilft aber andererseits bei der Bekämpfung der Unkräuter. Zur Zeit der Fruchtreife plündert er die Obstgärten und frißt an verschiedenen Früchten, unter denen er Äpfel und Birnen bevorzugt. Andererseits erweist er sich auch hier als nützlich, indem er große Mengen von Insektenlarven verzehrt, so daß die Farmer über Schaden und Nutzen des Rosellas sehr geteilter Meinung sind. Die erwähnten Autoren fanden in den Kröpfen von erlegten Rosellas folgende Insekten: Termiten *(Coptotermes)* in verschiedenen Entwicklungsstadien, Raupen von Kleinschmetterlingen und Motten (Hepialidae), Waffenfliegen (Stratiomyidae), Fruchtfliegen *(Drosophila)* sowie Larven von Schaumzikaden (Cercopidae), Blattflöhen (Psyllidae), Rüsselkäfern (Curculionidae) und Kurzflüglern (Staphylinidae). Insekten und deren Larven werden offenbar ausschließlich von Bäumen und Sträuchern abgelesen. Entgegen einer früheren Meinung umfaßt das Nahrungsspektrum auch diverse *Eucalyptus*-Arten (Cannon 1980).

Der Lockruf des Rosellas ist ein tiefes, etwas gutturales *„tüttüt-tüttüt“*. In ausgeglichener Stimmung „plaudert“ das Männchen – wie alle Rosellas – leise vor sich hin. Brereton u. Pidgeon (1966) konnte durch Freilandbeobachtungen und durch Tonbandaufnahmen an gefangenen Vögeln nicht weniger als 24 verschiedene Lautäußerungen klassifizieren. Hierzu gehören ein allgemeiner Alarmlaut, der alle in der Nähe befindlichen Artgenossen zusammenruft, ein besonderer Alarmruf gegenüber Flugfeinden und das Bettelgeschrei der Jungvögel. Acht Rufe haben den Charakter von Lockrufen und Stimmfühlungslauten und dienen wahrscheinlich dem Zusammenhalt der Gruppe, fünf verschiedene Rufe treten in Verbindung mit aggressivem Verhalten auf, und die übrigen gehören zum leisen „Plaudern“, dessen Bedeutung noch nicht klar erkennbar ist. Am Boden sind die Vögel in der Regel sehr schweigsam; im Gezweig der Bäume nach Nahrung suchend, rufen sie fast ununterbrochen.

Der Rosella brütet in Astlöchern und hohlen Baumstämmen, vielfach relativ dicht über dem Boden. In den Schafzuchtgebieten nistet er mitunter in den Holzpfählen der Weidezäune. In Victoria brütete ein Paar in einem leeren Kaninchenbau an der Uferbank eines Flusses. Gelegentlich werden leere Brutröhren vom australischen Bienenfresser *(Merops ornatus)* in Lehmwänden bezogen. Das Gelege besteht aus 4 bis 9 (gewöhnlich 5) Eiern. Brutzeit von September bis Januar, bei günstigen Klimabedingungen auch noch später. – In den Nestern findet man vielfach große Mengen von Mottenraupen *(Neossiosynocea agnosta)*, die sich von den Exkrementen der Jungvögel ernähren (Hindwood). Eine nahe verwandte Mottenart bewohnt die Bruthöhlen des Goldschultersittichs (S. 111).

Die soziale Struktur einer Rosella-Population in der Nähe von Armidale auf dem Neu-England-Plateau in Neusüdwales hat Brereton (1963, 1971) durch Beringungen und Wiederfänge genau ermittelt: Im Herbst gehen die Vögel tagsüber in kleinen Gruppen von 4–8 Individuen der Nahrungssuche nach. Am Abend kommen sie zu größeren Gruppen (etwa 25 Vögel) zusammen und übernachten gemeinsam in den äußersten Ästen von Büschen und Bäumen. Im Winter halten auch tagsüber größere Verbände zusammen, die normalerweise aus 25 bis 30, bei besonders kalter Witterung jedoch auch aus bis zu mehreren hundert Tieren bestehen.

Im zeitigen Frühjahr spalten sich diese Schwärme dann wieder in kleinere Einheiten von etwa 6 Vögeln auf, die sich nun vorzugsweise in offene Eukalyptuswälder zurückziehen. Mit ziemlicher Sicherheit handelt es sich bei diesen Gruppen jeweils um alte Brutpaare mit den Jungen der zweiten Brut des Vorjahrs. Die Eltern gehen jetzt auf Nistplatzsuche und prüfen normalerweise eine große Anzahl potentieller Bruthöhlen. Das Männchen fliegt dabei voraus, gefolgt vom Weibchen und von den Jungen. Hat es eine Höhle gefunden, schaut es kurz hinein und gibt dann den Weg frei für das Weibchen, das eine genauere Prüfung vornimmt. Hat das Paar sich endgültig entschieden, beginnt das Weibchen, die Höhle mit Schnabel und Füßen zu reinigen. Das Weibchen übernachtet von nun an in der Höhle, und zwischen den Partnern des Paares ist häufiges Balzfüttern zu beobachten.

Dem Weibchen obliegt die Bebrütung des Geleges. Es verläßt die Nisthöhle zweimal am Tag, um sich vom Männchen füttern zu lassen. Erst einige Zeit, nachdem die Jungen geschlüpft sind, betritt auch das Männchen die Höhle und beteiligt sich nunmehr direkt an der Fütterung der Nestlinge. Die Jungen des Vorjahres bleiben noch eine zeitlang bei den Eltern, verschwinden aber ziemlich rasch, sobald die erste Brut des Jahres die Nisthöhle verläßt. Da Wiederfunde dieser Vögel bislang nicht vorliegen, bleibt unbekannt, wohin sie abwandern.

Im Gegensatz zur Mehrzahl der Plattschweifsittiche machen Rosellas in der Regel zwei Bruten im Jahr. Das 2. Gelege wird unmittelbar nach dem Ausfliegen der 1. Brut begonnen. In diesem Fall füttert das Männchen die ersten Jungen bis zur Selbständigkeit, während das Weibchen das neue Gelege bebrütet. Die erste Brut trennt sich offenbar bereits beim Ausfliegen der neuen Jungen von den Eltern, verbleibt also wesentlich kürzere Zeit im Familienverband als die zweite, die den ganzen Herbst und Winter und das kommende Frühjahr bei den Eltern verbringt. Auch über ihren Verbleib ist nichts genaues bekannt. Möglicherweise schließen sich die Vögel mit den Jungen des Vorjahres zu eigenen Jugendverbänden zusammen.

Trotz der großen Geselligkeit der Art sind allerdings Streitigkeiten – hauptsächlich zwischen den Männchen – an der Tagesordnung. Keine andere australische Sittichart ist in Freiheit so aggressiv gegen ihresgleichen wie der Rosella. – Dem Menschen gegenüber ist die Art bei weitem nicht so vertraut wie der Pennantsittich. Die Tiere fliegen schon auf große Entfernung ab, und vielleicht hat gerade diese Vorsicht ihnen das Vordringen in die Kulturlandschaft ermöglicht.

Der Rosella wird von allen *Platycercus*-Arten am häufigsten gehalten und gezüchtet. Er ist mit Abstand die farbenprächtigste Art, bleibt aber oft recht scheu und ist gegenüber anderen Sittichen aggressiv. Außerdem können seine lauten Rufe mitunter unangenehm werden. An Futter und Unterbringung stellt er keine besonderen Ansprüche. Er kann im Freien überwintert werden.

Bei den australischen Vogelliebhabern ist der Tasmanische Rosella wegen seiner kontrastreicheren und leuchtenderen Färbung bei weitem die beliebteste Unterart (Forshaw 1981). In Europa scheint er dagegen zu fehlen oder zumindest nicht mehr in reiner Form erhalten zu sein.

11. Gattung Barnardius Bonaparte, Ringsittiche

Peters hat 1937 in seiner „Checklist of Birds of the World" die Gattung *Barnardius* mit *Platycercus* vereinigt. Dieser Einteilung ist von Boetticher (1964) gefolgt. Condon (1941) hat jedoch mit Recht darauf aufmerksam gemacht, daß die Unterschiede zwischen beiden Gruppen zu groß sind, um sie in einer einzigen Gattung zusammenzufassen. Diese Unterschiede betreffen in erster Linie das Schädelskelett, doch weicht auch die Gefiederfärbung von *Barnardius* erheblich vom *Platycercus*-Muster ab. Die für Rosellas typische „Schuppenzeichnung" des Rückens fehlt völlig. Auch in der Lebensweise und im Verhalten bestehen größere Unterschiede, auf die bei der Besprechung der einzelnen Arten näher eingegangen wird. Es erscheint daher berechtigt, die Gattung *Barnardius* weiterhin beizubehalten (Cain 1955, Mees 1961, Forshaw 1981, Holyoak 1973, Homberger 1980). Gemeinsamkeiten hinsichtlich des Zeichnungsmusters, der Morphologie des Schädels (Condon 1941, Holyoak 1973) und des Verhaltens lassen vermuten, daß eine enge Beziehung zur Gattung *Psephotus* besteht.

Peters (1937) und von Boetticher (1964) fassen alle Formen der Ringsittiche in einer einzigen Art zusammen. Auch diese Änderung erscheint zweifelhaft. Condon (1941) und Cain (1955) erkennen vielmehr zwei verschiedene Arten oder Formenkreise mit 5 bzw. 3 Unterarten an. Hauptunterscheidungsmerkmal der beiden Arten ist die Farbe des Oberkopfes und der Wangen. *Barnardius zonarius* hat einen schwarzen Oberkopf und blaue Wangen, *B. barnardi* einen grünen oder olivgrünen Kopf und blaugrüne Wangen. Diejenigen Unterarten, die feuchtere Klimabereiche bewohnen, haben ein rotes Stirnband. Vermutlich handelt es sich hierbei um ein altes Merkmal ihrer gemeinsamen Ausgangsform, das mit dem Vordringen in trockenere Gebiete mehrmals unabhängig voneinander verlorengegangen ist.

Zwischen den einzelnen Unterarten der beiden *Barnardius*-Arten bestehen keine scharfen Grenzen, sondern nur eine allmähliche Merkmalsabstufung, wie sie bereits für den Pennantsittich und andere *Platycercus*-Arten erwähnt worden ist. Die Merkmalsabstufung steht mit den Klimazonen in Zusammenhang und folgt den mehrfach beschriebenen Klimaregeln. Die Grenze zwischen den beiden Arten fällt ungefähr mit dem 138. Längengrad zusammen, verläuft also etwa durch die Mitte des Erdteils. Am Nordrand der Flinders Range treffen beide Arten zusammen. Hier kommt es regelmäßig zu Kreuzungen, doch ist die Bastardierungszone relativ schmal, ein Zeichen dafür, daß die Mischlinge nicht so lebenstüchtig sind wie die beiden reinen Arten (Cain 1955).

Verschiedene Unterarten der beiden *Barnardius*-Arten werden regelmäßig in Menschenobhut gehalten und sind häufig gezüchtet worden, in erster Linie der Kragensittich *(Barnardius zonarius semitorquatus)*, Baur's Ringsittich *(B. z. zonarius)* und der Barnardsittich *(B. barnardi barnardi)*. Es sind unempfindliche Vögel, die bedenkenlos im Freien überwintert werden können. In ihren Futteransprüchen gleichen sie den Rosellas, benötigen aber besonders viel Grünfutter. Ihrer Größe entsprechend, müssen sie in geräumigen Volieren untergebracht werden. Sie sind weniger scheu als die Rosellas und haben etwas leisere angenehmere Rufe.

Die drei erwähnten Unterarten kamen zwischen 1853 (Barnardsittich) und 1863 (Ringsittich) erstmals nach London. Sie wurden schon im vorigen Jahrhundert in Europa gezüchtet. Bastarde zwischen den beiden Arten und zwischen den einzelnen Unterarten sind häufig. Außerdem sind Mischlinge mit verschiedenen *Platycercus*-Arten gezüchtet worden.

11.1. *Barnardius zonarius* (Shaw)

Ringsittich, Kragensittich

Engl. Port Lincoln Parrot, Yellow-banded Parrot

Verbreitung: Zentrum, Westen und Südwesten des australischen Kontinents westlich des 138. Längengrades und südlich des 20. Breitengrades (Karte Abb. 39).

5 Unterarten.

1. *Barnardius zonarius semitorquatus* (Quoy und Gaimard): Kragensittich. Engl. Twenty-eight Parrot. Verbreitung: Küstengebiete von Südwestaustralien. Kennzeichnung: Rotes Stirnband, schwarzer Oberkopf, tiefgrüne Färbung der Ober- und Unterseite, Wangenflecke dunkelblau. Der Name „Twenty-eight Parrot", unter dem diese Unterart in ihrer Heimat bekannt ist, nimmt auf den dreisilbigen Lockruf Bezug, der wie das englische Wort „twenty-eight" (achtundzwanzig) klingt.

2. *Barnardius zonarius dundasi* (Mathews): Dundas-Kragensittich. Engl. Dundas Yellow-collared Parrot. Verbreitung: Weizenanbaugürtel von Südwestaustralien landeinwärts von den Küstengebirgen. Kennzeichnung: Rotes Stirnband schmal oder fehlend. Oberseite und Brust grün, Bauch grünlichgelb oder gelb. Diese Unterart ist eine typische Übergangsform und zeigt alle Farbschattierungen vom reinen Grün (vorige Unterart) bis zum reinen Gelb (folgende Unterart) der Unterseite.

3. *Barnardius zonarius zonarius* (Shaw): Baur's Ringsittich (Abb. 21). Engl. Port

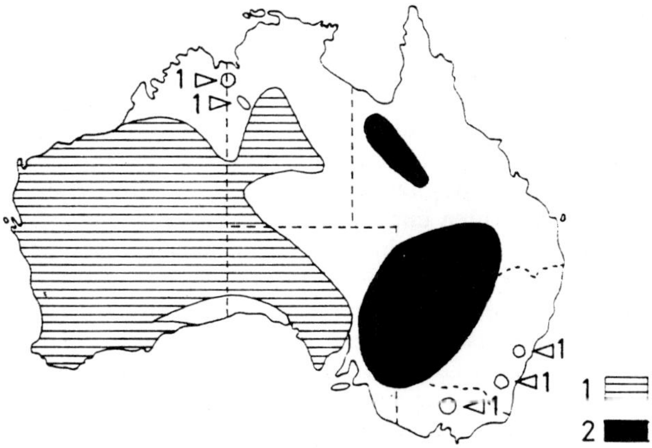

Abb. 39. Verbreitung des Ringsittichs, *Barnardius zonarius* (1) und des Barnardsittichs, *B. barnardi* (2). Die Dreiecke weisen auf isolierte Populationen von zonarius hin. Nach Forshaw u. Cooper 1981

Lincoln Parrot, Baur's Parrot. Verbreitung: Inlandgebiete von West- und Südaustralien bis zu den Westabhängen der Flinders Range. Kennzeichnung: Rotes Stirnband fehlend, nur bei wenigen Individuen noch vereinzelte rote Stirnfedern. Oberseite und Brust grün bis gelbgrün, Bauch reingelb.

4. *Barnardius zonarius occidentalis* (North): Nördlicher Kragensittich. Engl. North Parrakeet, Northern Yellow-banded Parrot. Verbreitung: Mittleres Australien vom Murchison River zum Fortescue River. Kennzeichnung: Kleiner als vorige Unterarten. Vorderrücken gelblichgrün, übrige Oberseite grün mit bläulichem Schimmer. Bauch und untere Hälfte der Brust hell zitronengelb. Wangenflecke hellblau.

5. *Barnardius zonarius myrtae* (White): Zentralaustralischer Kragensittich. Engl. Central Australian Yellow-banded Parrot. Verbreitung: Nördliches Südaustralien und südliches Nordterritorium. Kennzeichnung: Ähnelt der Unterart *zonarius.* Grüne Oberseite jedoch stark gelb verwaschen.

Wie die Beschreibung der Unterarten zeigt, folgt auch der Ringsittich der Gloger'schen Klimaregel. In Küstennähe, d. h. in feuchten Gebieten, ist er vorwiegend grün gefärbt, weist also eine relativ starke Melanineinlagerung auf. Zum Landesinnern geht der Melaninanteil zurück, und die ursprünglich grün gefärbten Gefiederpartien werden allmählich durch Gelb ersetzt. Außerdem geht das rote Stirnband verloren.

Der Ringsittich ist mit weitem Abstand die häufigste Sittichart im Westen und Südwesten Australiens. Er bewohnt eine ganz erstaunliche Vielfalt von Lebensräumen. So ist er im Landesinnern in den wüstenhaften „Spinifex"gebieten und in der Mulgastrauchsteppe zu Hause. An jedem noch so kleinen Wasserloch in der Wüste kann man sicher sein, auf eine Gruppe von Ringsittichen zu stoßen. Weiter westwärts kommt er in der „Mallee"-Formation vor, einer niedrigen (nur 2–5 m hohen), aber relativ dichten Eukalyptussteppe, und in Küstennähe bewohnt er Eukalyptussavannen, lichte Trockenwälder (Abb. 12) und – zusammen mit dem Rotkappensittich – selbst die geschlossenen Eukalyptushochwälder im äußersten Südwesten des Erdteils. Schließlich findet man ihn auch in den Heidelandschaften unmittelbar an der Küste, und stellenweise brütet er dicht am Wasser. Es gibt wohl kaum einen Biotop, in dem keine Ringsittiche vorkommen.

Bei einer derart großen ökologischen Valenz ist es nicht verwunderlich, daß sich diese Art auch an die künstliche Veränderung der Landschaft durch den Menschen anpaßte und zum Kulturfolger geworden ist. In der kleinen Stadt Leonora konnten Ringsittiche mitten auf der Hauptstraße beobachtet werden, und in vielen Siedlungen Südwestaustraliens bevölkern sie die Gärten und Parkanlagen. In den Weizenanbaugebieten, in Gartenlandschaften und in Obstplantagen sind sie gleichermaßen zu Hause und richten überall großen Schaden an. Die Art darf daher in Westaustralien zu bestimmten Zeiten in großer Zahl abgeschossen werden. Trotzdem wird sie immer häufiger. Auf jeder Straße, auf jedem Weg fliegen vor dem Wagen ständig Paare oder kleine Gruppen von Ringsittichen auf und lassen sich auf den benachbarten Bäumen nieder. Zeitweise ist es wie ein niemals abreißendes grünes Band, das sich vor dem Wagen erhebt. Der Ringsittich gehört zweifelsohne zu den häufigsten Vogelarten Westaustraliens. Um so eigenartiger mutet es an, daß N. W. Cayley 1938 noch so gut wie keine Angaben über die Lebensweise des Ringsittichs machen konnte.

In einer Eigenschaft unterscheiden sich die *Barnardius*-Arten grundsätzlich von der Gattung *Platycercus*: sie bilden niemals große Schwärme, sondern halten auch außerhalb der Brutzeit stets nur paarweise zusammen. Gelegentlich vereinigen sich mehrere Paare zu kleinen Gruppen. Trotz ihrer Häufigkeit halten sich selten mehr als acht Ringsittiche an einer Stelle auf.

Der Flug entspricht dem der *Platycercus*-Arten und zeigt eine ausgeprägte Wellenform mit regelmäßigem Aussetzen des Flügelschlages vor der höchsten Stelle des Bogens. Vielleicht ist die Bogenform sogar noch ausgeprägter als bei den Rosellas. Der Kopf wird im Flug etwas angehoben, so daß die Rückenlinie durchgebogen erscheint. Die Vögel fliegen stets dicht über dem Boden und schrauben sich erst kurz vor der Landung wieder in die Höhe. Hierin entsprechen sie unseren heimischen Würgerarten *(Lanius)*. Vor dem Landen können sie längere Gleitflugstrecken einschalten. Nur wenn der Ringsittich von einem fahrenden Auto am Boden überrascht wird, gibt er seinen Bogenflug vorübergehend auf und stürmt in reißendem, geradlinigem Flug davon. Erst wenn er einen größeren Abstand gewonnen hat, geht er wieder zum Bogenflug über, der langsamer, aber offenbar energiesparend ist.

Der Lockruf ist in den Küstengebieten Südwestaustraliens (Unterart *semitorquatus*) dreisilbig und klingt wie das englische „twenty-eight". Im Landesinnern fehlt die dritte Silbe, und der Ruf klingt wie *„tweet-tweet"* oder *„twiit-twiit"*. Der Stimmfühlungslaut ist ein leises Zwitschern. Am Boden sind die Vögel völlig stumm. Ist ein Paar aber aufgescheucht worden und in verschiedener Richtung abgeflogen, dann rufen die Partner ununterbrochen bis sie wieder zusammengefunden haben. Ringsittiche sind abends noch lange nach Sonnenuntergang aktiv, und in hellen Mondscheinnächten kann man ihre Rufe die ganze Nacht über hören.

Die Nahrung besteht aus Samen und Früchten. In den Gärten geht er an Äpfel und Birnen, aber auch an Mandeln, Weintrauben und andere Früchte. Auf der Missionsstation Hermannsburg in Zentralaustralien richtet er großen Schaden unter den reifen Datteln an. Daneben frißt er Blatt- und Blütenknospen und nimmt regelmäßig auch Blütennektar von Eukalyptusbäumen (Forshaw, Avicult. Mag. 1964). Auf den Feldern frißt er große Mengen von halbreifen und reifen Weizenkörnern. Auch nimmt der Ringsittich die Blüten und Samen von *Geranium* und *Arnica* (Immelmann, eig. Beob). In den Wäldern Südwestaustraliens holt er sich gelegentlich – gemeinsam mit dem Rotkappensittich – halbreife Samen aus den Kapseln der Eukalyptusbäume *(Eucalyptus calophylla)*. Während der Nahrungssuche auf dem Boden kann der Ringsittich über weite Strecken laufen oder rennen.

Die Balz ist der der Gattungen *Psephotus* und *Platycercus* ähnlich. Das Imponierverhalten der Männchen stimmt weitgehend mit dem von *Psephotus* überein. Das Männchen verbeugt sich mit vorgestreckten Schultern. Zusätzlich kann der Kopf in rascher Folge auf- und abbewegt werden. Der mehr oder weniger geschlossene Schwanz wird rasch hin- und herbewegt. Die Balz ist von lauten Rufen begleitet.

Der Ringsittich brütet in Astlöchern in relativ großer Höhe. Während das Weibchen auf den Eiern sitzt, hält das Männchen in der Nähe der Bruthöhle Wache. Am frühen Morgen und kurz vor Sonnenuntergang holt das Männchen die Partnerin vom Nest ab, und beide gehen gemeinsam auf Nahrungssuche. Das Gelege besteht in der Regel aus 5, seltener aus 6 oder 7 Eiern. Die Eigröße scheint bei dieser Art besonders große individuelle Unterschiede zu zeigen. Sie schwankt zwischen 17,5 × 20,0 und

27,3 × 32,0 mm. Die Eier sind etwas länger und spitzer als bei anderen Sittichen (Serventy u. Whittell 1976). Die Art brütet im südlichen Frühjahr, d. h. in den Monaten August bis Dezember. Im Landesinnern hat sie jedoch keine festgelegte Brutzeit, sondern kann nach Regenfällen in jedem Monat des Jahres zur Brut schreiten. – Die Jungen bleiben nach dem Ausfliegen noch einige Monate bei den Eltern.

11.2. *Barnardius barnardi*
Barnardsittich, Gelbnackensittich
Engl. Ringneck Parrot, Barnard's Parrakeet, Mallee Parrot

Verbreitung: Australien östlich vom 138. Längengrad; im nordwestlichen Queensland und östlichen Nordterritorium, ferner vom südlichen Queensland über das Innere von Neusüdwales bis zum Nordwesten von Victoria und zum östlichen Südaustralien (Karte Abb. 39).

3 Unterarten.

1. *Barnardius barnardi macgillivrayi* (North): Cloncurrysittich. Engl. Cloncurry Parrot. Verbreitung: Nordwestliches Queensland und ein kleiner Streifen im östlichen Nordterritorium. Verbreitungszentrum in der Nähe der kleinen Stadt Cloncurry. Kennzeichnung: Kleiner als die übrigen Unterarten. Einheitlich grün gefärbt, auf der Oberseite etwas dunkler als auf der Unterseite. Wangen grünblau. Rotes Stirnband fehlt.

2. *Barnardius barnardi barnardi* (Vigors und Horsfield): Barnardsittich (Abb. 23). Engl. Barnard's Parrakeet. Verbreitung: Südliches Queensland, Neusüdwales, Victoria und Südaustralien. Kennzeichnung: Oberseite blaugrün, Oberkopf smaragdgrün. Unterseite grün, in der Bauchregion ein gelb oder orange gefärbtes Band. Rotes Stirnband.

3. *Barnardius barnardi whitei* (Mathews): Lake Eyre-Barnardsittich. Engl. South Australian Mallee Parrot. Verbreitung: Flinders Range und Lake Eyre-Becken im Nordosten von Südaustralien. Kennzeichnung: Oberseite dunkelgrün ohne bläulichen Anflug. Stirnband orangerot. Sonst wie vorige Unterart. – Einige Vögel aus der nördlichen Flinders Range haben einen dunkelbraunen Oberkopf, der möglicherweise von einer Vermischung mit *Barnardius zonarius* herrührt (Cain 1955).

Der Barnardsittich bewohnt in erster Linie die „Mallee"-Formation, einen niedrigen Eukalyptusbuschwald im Inneren Ostaustraliens und führt daher u. a. auch den englischen Namen Mallee Parrot. Man findet ihn außerdem in offenen Trockenwäldern und Savannen. Der Cloncurrysittich bewohnt den schmalen Galeriewaldstreifen am Ufer von permanenten oder periodischen Wasserläufen.

Eigenartigerweise hat sich der Barnardsittich in Ostaustralien nicht so gut an die Kulturlandschaft angepaßt wie der Ringsittich im Westen des Erdteils. Zwar kommt auch er bis in die Gärten der Farmhäuser, um sich an den Früchten gütlich zu tun, doch meidet er die dichter besiedelten Gebiete und ist daher mit zunehmender Besiedlung seltener geworden. Ganz ähnliche Unterschiede in den Beziehungen zur Kulturlandschaft zeigt auch der Bergsittich (S. 122). Da die unberührten Trockenwald- und

Steppenformationen im Innern Ostaustraliens in immer stärkerem Maße in Kulturland umgewandelt werden, ist leider auch der Barnardsittich in vielen Teilen seines Verbreitungsgebietes schon sehr selten geworden.

In seiner Lebensweise gleicht der Barnardsittich völlig dem Ringsittich. Sein Lockruf ist viersilbig und klingt wie *„twink-wink-wink-wink"*. Seine Nahrung besteht in erster Linie aus Sämereien und Früchten. Lea u. Gray (1935) fanden im Kropf von erlegten Vögeln die Samen von Nachtschatten *(Solanum)* und Melde *(Atriplex)* sowie kleine Stücke von Holzkohle. Nach Forshaw (1963) dienen die Samen einer eingeführten Tabakpflanze *(Nicotiana glauca)* und verschiedene Melonenarten *(Cucumis, Citrellus)* als Nahrung. Nach Cayley (1938) nimmt der Barnardsittich auch die Samen der *Acacia*-Büsche auf. In den „Mallee"-Gebieten ernährt er sich von den Samen und Blütenknospen der Eukalyptussträucher und scheint auch große Mengen von Blütennektar zu sich zu nehmen. In Victoria wurde er während einer Raupenplage auch bei der Aufnahme kleiner Raupen beobachtet. Wenn er in den Spitzen hoher Bäume nach Blüten oder Früchten sucht, läßt er ein ständiges Gezwitscher hören. Bei der Nahrungssuche auf dem Erdboden ist er jedoch stumm.

Der Barnardsittich brütet im südlichen Frühjahr. Die meisten Gelege findet man im August und September. Nur im Norden und im Landesinnern richtet sich die Brut nach den Regenfällen und ist an keine bestimmte Jahreszeit gebunden. Das Gelege besteht aus 4 bis 6 Eiern. Eigröße 26–27 × 28 mm. Brutdauer 28 Tage (Boehm 1959).

Der Barnardsittich wurde nach dem englischen Ornithologen Edward Barnard benannt.

In Menschenobhut sind mehrfach Bastarde mit anderen Plattschweifsittichen gezüchtet worden. Die interessanteste Kreuzung, ein Mischling zwischen Barnard- und Singsittich, wurde 1933 im Londoner Zoo gezüchtet. Im Australian Museum in Sydney befindet sich der Balg eines Bastards zwischen Barnard- und Strohsittich, dessen Herkunft allerdings nicht mehr zu ermitteln ist. Mischlinge mit den Unterarten des nahe verwandten Ringsittichs tauchen relativ häufig auf. Schließlich ist – und zwar aus der Freiheit – auch eine Farbaberration bekannt: am Murray River wurden 1927 zwei fahlgelbe Barnardsittiche aus einem Nest genommen (Forshaw 1963).

12. Gattung Psephotus Gould, Singsittiche

Die *Psephotus*-Arten nehmen in ihren ökologischen Ansprüchen eine Zwischenstellung zwischen der Gattung *Neophema* und den *Barnardius*- und *Platycercus*-Arten ein. Da sie jedoch der letztgenannten Gruppe wesentlich näherstehen (Smith 1975), sind die Übereinstimmungen mit *Neophema* als Folge einer konvergenten Entwicklung zu deuten. Maßgeblicher Selektionsdruck war in dieser Hinsicht sicher das Vordringen in die offenen Savannen und Steppen im Landesinneren. Ausgehend von der Gattung *Platycercus*, die noch ursprüngliche Waldbewohner umfaßt, weist die Entwicklungstendenz über die stärker an offenes Gelände angepaßten Ringsittiche *(Barnardius)* hin zur Gattung *Psephotus*. Die Singsittiche bewohnen zwar wesentlich trockenere Klimazonen als *Neophema*, zeigen aber ähnliche Anpassungen an ein aus kleineren Sämereien bestehendes Nahrungsspektrum. Dagegen sind sie wesentlich kräftiger gebaut und bewegen sich am Boden und im dichten Gezweig weniger geschickt. Sie haben einen langen stufigen Schwanz. Ihr Flug ist kräftig und ausdauernd und zeigt eine deutliche Bogenform.

Die Gattung *Psephotus* neigt mitunter stärker zur Geselligkeit. Einige Arten bilden außerhalb der Brutzeit große Verbände, die Hunderte von Vögeln umfassen können. Sie brüten nach Art anderer Plattschweifsittiche in Baumhöhlen und Astlöchern. Vielfach nisten sie jedoch auch in den oberirdischen Bauten von Termiten sowie in sandigen Steilufern an Flüssen. Innerhalb des Paarbindungsverhaltens kann es bei den *Psephotus*-Arten – außer *P. chrysopterygius* (Lendon 1973) – zu einer Form der sozialen Gefiederpflege zwischen den Partnern kommen. Ein derartiges Verhalten ist bei verwandten Gattungen, die allesamt ausgesprochene Distanztiere sind, nicht üblich. Die Partner eines Paares kraulen sich ausschließlich in der Kopfregion (Scheitel und Nacken). Das Verhalten wirkt ritualisiert und dient wohl weniger der Pflege des Gefieders als dem Zusammenhalt der Partner. Vermutlich wirkt es aggressionsmindernd und erleichtert auf diese Weise die Annährung der Partner zur Kopulation. Außerhalb der Fortpflanzungszeit kraulen sich die Tiere weitaus seltener. Es stellt sich hier die Frage, inwieweit dieses Verhalten eine Neuerwerbung der Gattung *Psephotus* darstellt oder ob es von einer ursprünglichen Gruppe – die diese Verhaltensweise mittlerweile wieder verloren hat – übernommen wurde. Zukünftige Untersuchungen in dieser Richtung erwiesen sich als fruchtbar für die Klärung der stammesgeschichtlichen Beziehungen zwischen den verschiedenen Gattungen als auch innerhalb der Gattung *Psephotus* selbst. In diesem Zusammenhang sei nochmals darauf hingewiesen, daß auch juvenile Rosellasittiche *(Platycercus)* sich mitunter gegenseitig das Gefieder kraulen (S. 18).

Das Balzverhalten weist deutlich auf die Verwandtschaft mit den Gattungen *Barnardius* und *Platycercus* hin. Eine Reihe von Bewegungen stimmt stärker mit *Barnardius* überein (Vogels, eig. Beob.). Auch aufgrund des Zeichnungsmusters ist anzunehmen, daß *Psephotus* von einer *Barnardius*-ähnlichen Stammform abstammt.

Innerhalb der Gattung *Psephotus* steht *P. haematonotus* etwas abseits, während die übrigen Arten näher miteinander verwandt sind (Homberger 1980). *P. chrysopterygius* und *P. pullcherrimus* werden von Cain (1955) zu einer Großart zusammengefaßt, die zu *P. varius* engere Beziehungen zeigt als zu *P. haematonotus*.

Von den *Psephotus*-Arten werden Sing-, Vielfarben- und Blutbauchsittich regelmäßig in Europa gehalten und gezüchtet. Der Goldschultersittich ist wesentlich anspruchsvoller hinsichtlich der Unterbringung und der Pflege und zählt zu den selteneren Arten.

12.1. *Psephotus haematogaster* (Gould)

Blutbauchsittich, Blue-Bonnet-Sittich

Engl. Blue-bonnet Parrot, Crimson-bellied Parrot, Bulloak Parrot

Verbreitung: Osten und Süden des australischen Kontinents; vom südwestlichen Queensland über Neusüdwales bis zum Nordwesten von Victoria, ferner im östlichen Südaustralien und im äußersten Südosten von Westaustralien (Karte Abb. 40).

Abb. 40. Verbreitung des Blutbauchsittichs, *Psephotus haematogaster.* Nach Forshaw u. Cooper 1981

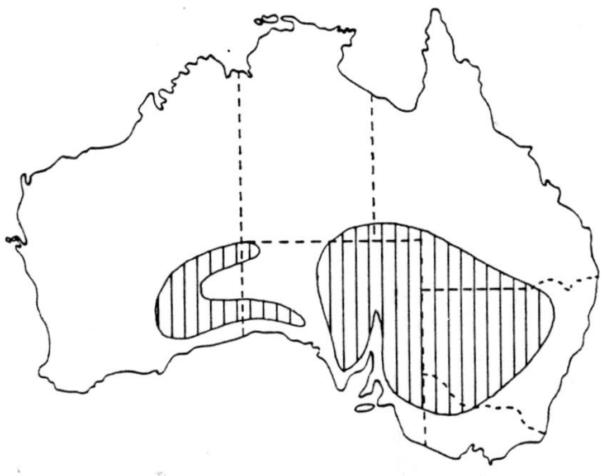

Der Blutbauchsittich wird verschiedentlich in eine eigene Gattung, *Northiella* Mathews, gestellt (Condon 1941, von Boetticher 1964, Smith 1975). Diese Sonderstellung wird mit der abweichenden Flügelform und der Gestalt der 5 äußeren Handschwingen begründet (Condon 1941). Andere Autoren (Cain 1955, Homberger 1980) weisen jedoch auf die Unhaltbarkeit dieser Trennung hin. Abgesehen davon, daß es fragwürdig ist, eine neue Gattung aufgrund eines einzigen, geringfügigen morphologischen Merkmals aufzustellen, weist gerade die Form des Flügels und der Handschwingen mannigfache Anpassungserscheinungen auf und kann selbst bei naheverwandten Arten stark variieren (z. B. *Charmosyna josefinae* und *Charmosyna papou* innerhalb der *Loriini).* Dieses Merkmal ist daher für eine systematische Beurteilung denkbar ungeeignet. Bemerkenswert ist allerdings die enge Beziehung zur Gattung *Barnardius* (Condon 1941). Vermutlich stellt gerade *Psephotus haematogaster* eine ursprüngliche *Psephotus*-Art dar, die noch Merkmale einer *Barnardius*-ähnlichen Stammform aufweist.

Die Art wird in vier Unterarten gegliedert, die sich im Aussehen stark voneinander unterscheiden und bei den Vogelliebhabern teilweise unter eigenen Namen bekannt sind.

1. *Psephotus haematogaster haematogaster* (Gould): Gelbsteißsittich. Engl. Yellow-vented Parrot. Verbreitung: Trockene Gebiete im Innern von Südaustralien, West-Neusüdwales und Südqueensland. Kennzeichnung: Unterschwanzdecken gelb.

2. *Psephotus haematogaster haematorrhous* (Gould): Rotsteißsittich (Abb. 25). Engl. Red-vented Parrot, Red-vented Blue-bonnet. Verbreitung: Diese Unterart bevorzugt etwas feuchtere Lebensräume und lebt unmittelbar am Westabhang des ostaustralischen Randgebirges, d. h. östlich von der vorigen Unterart. Sie geht jedoch nicht so weit nach Süden und ist auf Neusüdwales und das südliche Queensland beschränkt. Kennzeichnung: Unterschwanzdecken rot.

3. *Psephotus haematogaster pallescens* (Salvadori): Heller Blutbauchsittich. Engl. Pallid Yellow-ventend Parrot. Verbreitung: Umgebung des Lake Eyre und Lake Frome im Innern von Südaustralien. Kennzeichnung: Die Unterart bewohnt beson-

ders trockene wüstenhafte Lebensräume. Sie ist als ausgesprochene Wüstenform anzusprechen und ist wesentlich blasser gefärbt als die übrigen Unterarten.

4. *Psephotus haematogaster narethae* (H. L. White): Narethasittich, Kleiner Blue-Bonnet-Sittich. Engl. Little Blue-bonnet Parrot, Oak Parrot, Naretha Parrot. Der Name Narethasittich ist auf die kleine Siedlung Naretha an der Transkontinentalbahn zurückzuführen, in deren Nähe dieser Sittich zum erstenmal für Westaustralien nachgewiesen wurde. Verbreitung: Südöstliches Westaustralien, an der Westseite der Nullarborwüste. Diese Unterart ist durch eine gut 600 km wasserlose Wüste von allen übrigen Unterarten des Blutbauchsittichs getrennt (vgl. Karte Abb. 40). Ihr Verbreitungsgebiet umfaßt heute offenbar nur noch eine Fläche von etwa 35 × 290 Kilometer. Früher war sie vermutlich wesentlich weiter verbreitet, wurde aber durch die zunehmende Austrocknung des Erdteils immer stärker zurückgedrängt. Diese Unterart ist durch den illegalen Fang und das Plündern der Nester im besonderen Maße gefährdet (F o r s h a w 1981). – Kennzeichnung: Diese Form ist wesentlich kleiner als die ostaustralischen Unterarten und unterscheidet sich von diesen durch die kräftigere Färbung. Sie wurde früher als eigene Art angesehen. A. L e n d o n (briefl.), der mehrere Unterarten hielt, ist (aufgrund von Verhaltensunterschieden sowie der großen Verbreitungslücke zu den übrigen Unterarten) weiterhin der Ansicht, daß der Naretha-Sittich eine eigene Art darstellt.

Der Blutbauchsittich ist ein Bewohner echter Savannenlandschaften mit lichtem Baumbestand und einzelnen dichten Gebüschen, namentlich Sandelholz *(Myoporum platycarpum)*. Er ist an vielen Stellen seines Verbreitungsgebietes stark zurückgegangen, da gerade die Savannen vielfach in Weide- und Ackerbaugebiete und damit in offene Kultursteppen umgewandelt worden sind. Die Unterart *pallescens* bewohnt Halbwüsten und Steppen mit Mulga und Spinifexgras (Abb. 24). Der Naretha-Sittich bevorzugt die mit „Wüsteneichen" *(Casuarina decaisneana)* bestandenen Gebiete am Westrand der Nullarborwüste, worauf sein englischer Name Oak Parrot, Eichensittich, Bezug nimmt. Er ist außerdem eng an das Vorkommen einer Akazienart *(Acacia sowdenii)* gebunden, deren Verbreitungsgebiet er offenbar nicht überschreitet.

In seiner Lebensweise ähnelt der Blutbauchsittich den folgenden Arten. Die Tiere leben ganzjährig paarweise und schließen sich außerhalb der Brutzeit zu kleinen Gruppen (8 bis 10 Tiere) zusammen. Die Nahrung besteht aus Samen von Gräsern und Kräutern. Besonders gern werden die Samen von *Atriplex vesicarum* und *Kochia sedifolia* genommen (F o r s h a w , Avicult. Mag. 1963). Die Tiere suchen ihre Nahrung gewöhnlich am Boden im Schatten eines Strauches oder Baumes. Der zweisilbige Ruf ist weich und flötend und klingt wie *„klunt, klunt"*. F o r s h a w erwähnt außerdem einen scharfen lauten Ruf, der dem Alarmruf des Rosellas ähnelt, sowie ein hohes durchdringendes Pfeifen. – Der Flug hat eine ausgesprochene Bogenform und ähnelt dem Flugbild der Rosella-Arten.

Eine bei dieser Art auffällig in Erscheinung tretende Verhaltensweise ist ein besonders stark betontes Kopfnicken, das bei jeder Erregung, aber vermutlich auch als Kontaktverhalten gegenüber dem Partner auftritt. Dieses Kopfnicken mit gesträubtem Stirn- und Scheitelgefieder kann bei beiden Geschlechtern beobachtet werden. In ähnlicher Weise – jedoch weniger auffällig – bewegt auch der Goldschultersittich *(P. chrysopterygius)* den Kopf auf und ab. Beim Blutbauchsittich wird – im Gegensatz zu den übrigen *Psephotus*-Arten – die seitliche Bewegung des Schwanzes in einem geringeren Maße, dagegen das Spreizen des Schwanzes stärker betont (Lendon 1973).

Beide Geschlechter begeben sich gemeinsam auf Nistplatzsuche. Im Gegensatz zu anderen *Psephotus*-Arten scheint der Blutbauchsittich ausschließlich in Astlöchern zu brüten. Whitlock fand ihn in Westaustralien in Casuarinen. Meist wählt er relativ niedrige Bäume als Nistplatz aus und brütet dementsprechend in geringer Höhe über dem Boden. Auffallend häufig bevorzugt er abgestorbene Bäume. Das Gelege besteht aus 4 bis 7 Eiern. Eigröße 18 × 22 mm. Die weißen Eier sind ohne jeden Glanz und haben eine auffallend rauhe Schale. Brutzeit im südlichen Frühjahr und Sommer (August bis Dezember); im Landesinnern richtet sie sich jedoch – wie bei nahezu allen zentralaustralischen Vögeln – ausschließlich nach den Regenfällen und kann auch in anderen Monaten stattfinden. Das Weibchen brütet allein und wird vom Männchen aus dem Kropf gefüttert. Es sitzt sehr fest und verläßt das Nest bei Gefahr erst im allerletzten Augenblick. Die Jungen fliegen im Alter von vier Wochen aus. Sie bleiben auch nach dem Selbständigwerden noch lange bei ihren Eltern.

Der Blutbauchsittich wurde 1862 im Zoologischen Garten London gezeigt und im selben Jahr erstmals in Großbritannien gezüchtet. Seither haben Rotsteiß- und Gelbsteißsittich in Europa mehrfach gebrütet. Als Volierenvogel ist der Blutbauchsittich nach Ansicht von Dr. Burkard (briefl.) „(...) einer der interessantesten Vögel, die man überhaupt halten kann". Er ist stets lebhaft und zeigt eine Vielfalt von Bewegungen. Voraussetzung ist allerdings, daß man die Vögel in einer genügend großen Voliere hält. Bemerkenswert ist, daß der Blutbauchsittich relativ kleine, aber hohe Bruthöhlen, die auf den ersten Blick viel zu klein für diese Art erscheinen, vorzieht. Lendon (1973) beobachtete im Freiland, daß insbesondere das Einschlupfloch zur Bruthöhle ausgesprochen eng gewählt wird.

12.2. *Psephotus varius* (Clark)
Vielfarbensittich, Buntsittich
Engl. Mulga Parrot, Many-coloured Parrot, Varied Parrot

Verbreitung: Inneraustralien vom südwestlichen Queensland über das Innere von Neusüdwales, das nordwestliche Victoria, das Innere von Südaustralien bis nach Westaustralien (Karte Abb. 41).

Der Vielfarbensittich zeigt in Freiheit (und in noch stärkerem Maße auch in Gefangenschaft) eine große individuelle Variabilität in der Gefiederfärbung, auf die bereits mehrere Autoren hingewiesen haben. Namentlich die Ausdehnung der roten Gefiederpartien ist sehr unterschiedlich. Das veranlaßte verschiedene Forscher (Mathews 1927, Condon 1941 u. a.), mehrere Unterarten aufzustellen. Eine derartige Untergliederung ist jedoch inzwischen wieder aufgegeben worden, da die Färbungsunterschiede offenbar rein individuellen Charakter tragen und keine geographischen Gesetzmäßigkeiten erkennen lassen (Forshaw 1964). Die Art bewohnt trockenere, spärlicher bewachsene Gebiete als der Singsittich, doch kommen beide in manchen Gegenden nebeneinander vor. Das gilt hauptsächlich für die Weizenanbaugebiete Südaustraliens, wo der Singsittich durch das günstige Nahrungsangebot und die künstlichen Wasserstellen bis weit in das Verbreitungsgebiet des

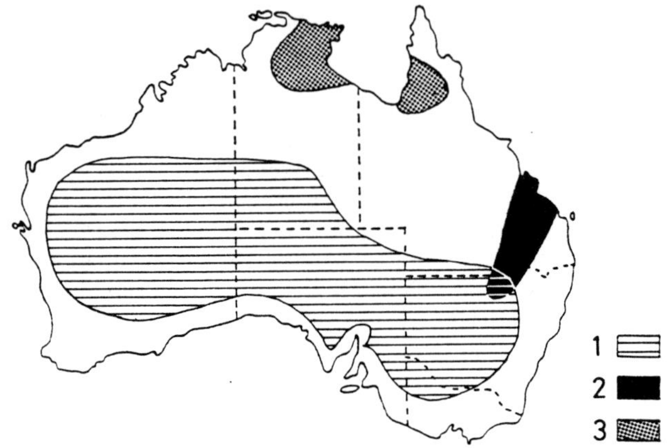

Abb. 41. Verbreitung des Vielfarbensittichs, *Psephotus varius* (1), des Paradiessittichs, *P. pulcherrimus* (2) und des Goldschultersittichs, *P. chrysopterygius* (3). Nach Forshaw u. Cooper 1981

Vielfarbensittichs vorgestoßen ist. Während der Singsittich jedoch auf Ostaustralien beschränkt ist, dringt der Vielfarbensittich bis nach Südwestaustralien vor, wo er nur in den ausgedehnten Eukalyptuswäldern im äußersten Südwesten völlig fehlt.

In Westaustralien ist der Vielfarbensittich wesentlich häufiger als im Osten, wo er offenbar dem Singsittich biologisch unterlegen ist. Im Westen hat er jedoch völlig die Rolle des Singsittichs inne: während er ursprünglich in den Mulgasteppen des Landesinnern beheimatet war, hat er sich seit der Besiedlung durch Europäer eng an den Menschen angeschlossen und ist in den letzten Jahrzehnten immer häufiger geworden. Mit der Rodung weiter Waldgebiete im Südwesten hat er außerdem sein Verbreitungsgebiet ausdehnen können.

In seinen Lebensgewohnheiten ähnelt er dem Singsittich, schließt sich jedoch im Gegensatz zu diesem auch außerhalb der Brutzeit niemals zu großen Schwärmen zusammen. Während der Nahrungssuche hält er sich fast ausschließlich am Boden auf. Vielfach schließt er sich dabei einer Gruppe von Ringsittichen an. Seine Hauptnahrung besteht aus halbreifen und reifen Grassamen, doch nimmt er außerdem die Samen verschiedener Nichtgräser auf (Chenopodiaceen, Caryophyllaceen) (Lea u. Gray 1935), White gibt *Enchylaena tomentosa* und *Cerastium glomeratum*, Forshaw (1964) *Atriplex vesicarum* und verschiedene Caryophyllaceen als Nahrungspflanzen an. In den reinen Mulgagebieten dienen auch die Samen der Mulga *(Acacia aneura)* als Nahrung. Der Vielfarbensittich scheint daneben wesentlich mehr Früchte aufzunehmen als der Singsittich und wurde vielfach auch an den Beeren von Misteln *(Loranthus murrayi)* beobachtet. Außerdem kommt er heute an die Farmhäuser und ernährt sich von den Samen und Früchten der verschiedensten Gartenpflanzen. White fand im Magen eines Vielfarbensittichs die Larven von Gallwespen und Teile der Gallen. Die meisten untersuchten Tiere hatten Holzkohle im Magen. Ihre Bedeutung ist noch unbekannt (Forshaw 1964).

Der Vielfarbensittich brütet in Astlöchern, hauptsächlich in Eukalyptusbäumen. Das Gelege besteht aus 4 bis 6 Eiern, Eigröße 18–20 × 22–23 mm. Brutdauer nach Serventy u. Whittell (1976) genau 21 Tage. Die Brutzeit dauert von Juli bis Dezember, doch ist sie beim Vielfarbensittich als einem Bewohner trockener Inlandgebiete noch wesentlich stärker von der Menge und Dauer der jährlichen Niederschläge abhängig als beim Singsittich.

Die frischgeschlüpften Jungvögel sind von weißen Flaumfedern bedeckt. Sie werden nur vom Weibchen gehudert, aber von beiden Eltern gefüttert. Im Alter von 5 Wochen verlassen sie das Nest, einige Wochen später sind sie selbständig. Auch nach dem Selbständigwerden halten sie weiterhin mit ihren Eltern zusammen. Erst am Beginn der nächsten Brutzeit lösen sich die Familienverbände auf.

Auch der Vielfarbensittich wird in Europa regelmäßig gehalten und gezüchtet, allerdings weniger häufig als der Singsittich, dem er in seinem Wesen ähnelt. Auch der Gesang erinnert an den des Singsittichs. Gegenüber Kälte und Nässe ist der Vielfarbensittich allerdings etwas empfindlicher als der Singsittich. – Die Art gelangte erstmals 1862 in den Londoner Zoo und wurde bereits 1877 in Frankreich gezüchtet. Bastarde sind mit Singsittich, Goldschultersittich und Blutbauchsittich gezüchtet worden (Forshaw 1964).

12.3. *Psephotus pulcherrimus* (Gould)
Paradiessittich

Engl. Paradise Parrot, Anthill Parrot, Scarlet-shouldered Parrot, Beautiful Parrot, Ground Parrot, Soldier Parrot

Verbreitung: Queensland und äußerster Norden von Neusüdwales.

Der Paradiessittich gehört heute zweifellos zu den seltensten und gefährdetsten australischen Sittichen. Er wurde 1844 von John Gilbert in den Darling Downs entdeckt und 1845 von John Gould nach einem Balg in England beschrieben. Gilbert, der von der Schönheit dieses Sittichs begeistert war und ihm viele enthusiastische Schilderungen in seinen Tagebüchern widmete, fand ihn auf seinen Reisen in Queensland überaus zahlreich. Noch bis zu den achtziger und neunziger Jahren des 19. Jahrhunderts war der Paradiessittich relativ häufig, verschwand dann aber innerhalb kürzester Zeit vollständig. Nach der Jahrhundertwende galt er als ausgestorben. Von 1918 bis 1927 wurden jedoch an verschiedenen Stellen im Innern von Queensland und im Norden von Neusüdwales wieder einzelne Paare beobachtet und verschiedene Brutnachweise erbracht. Seither fehlt jede Spur. Viele Ornithologen nehmen daher an, daß der Paradiessittich ausgestorben ist. Berücksichtigt man jedoch, daß seine Heimat zu den am dünnsten besiedelten Teilen Australiens gehört, so ist es nicht ausgeschlossen, daß sich kleinere Populationen bis zum heutigen Tag vom Menschen unbemerkt gehalten haben. Es gibt ja in der Geschichte der australischen Ornithologie Beispiele genug, daß Vogelarten, die man jahrelang für ausgestorben hielt, plötzlich in großer Zahl wieder aufgetaucht sind. Eine sichere Aussage über den Status des Paradiessittichs ist daher zur Zeit nicht möglich.

Der schmucke und auffällig gefärbte Paradiessittich hat von Anfang an die Bewunderung und das Interesse des Menschen gefunden. Die Vielzahl seiner Namen, die auf Besonderheiten in der Lebensweise und im Aussehen Bezug nehmen, weist darauf hin, daß sich die Einheimischen viel mit ihm beschäftigt haben. In Queensland wird er vielfach „Soldier Parrot“, Soldatensittich, genannt, ein Name, der sicher mit seiner aufrechten Körperhaltung und seiner bunten Zeichnung mit vielen Farbabzeichen im Zusammenhang steht. In anderen Gegenden heißt er Ground Parrot, weil er seine Nahrung vorwiegend am Erdboden sucht, oder Anthill Parrot, weil er in Termitenbauten brütet und die Termiten in Australien wie bei uns fälschlicherweise oft als „White Ants“, Weiße Ameisen, bezeichnet werden.

Der Paradiessittich bewohnt lichte Savannenlandschaften mit spärlichem Baumbestand. Die Paare halten ganzjährig eng zusammen. Dagegen scheint sich diese Art niemals zu größeren Verbänden zusammenzuschließen, da sie auch in Zeiten, als sie noch häufig war, immer nur paarweise beobachtet wurde. – Über die Zusammensetzung der Nahrung sind keine Einzelheiten bekannt. Sie besteht in der Hauptsache aus Samen von Gräsern und Kräutern. – Der wie *„quiek“* klingende Lockruf ist wesentlich melodischer als die lauten Schreie anderer Sittiche.

Der Paradiessittich brütet besonders gern in den oberirdischen Bauten von Termiten (Abb. 27). In den meisten Fällen benutzt er alte Bruthöhlen von Eisvögeln, doch kann er sich in besonders weichen Termitenhügeln offenbar auch selbst eine Nestkammer graben. Die Bruthöhlen bestehen aus einem bis zu 30 cm langen und relativ engen Eingangstunnel und einer weiten Nestkammer, deren Durchmesser bis zu 45 cm beträgt. Die Eingangsöffnung ist 4–5 cm breit. In einigen Teilen Queenslands brütete er außerdem in steilen Sandbänken am Ufer von permanenten und periodischen Wasserläufen, ist also teilweise zum Erdbrüter geworden und erinnert in mancher Hinsicht an den Klippensittich, der in Felshöhlen brütet. Auch im harten Lehm oder Sand ist der Paradiessittich nicht in der Lage, selbst eine Bruthöhle zu bauen. Er benutzt vielmehr alte Niststätten von Bienenfressern und Eisvögeln. Nur wenn weder Termitenbauten noch Sandbänke vorhanden sind, scheint er gelegentlich auch nach Art anderer Sittiche in Astlöchern zu brüten. Das Gelege besteht aus 3, seltener aus 4 oder 5 Eiern. Die Brutzeit scheint mit der Regenzeit zusammenzufallen, liegt also im südlichen Sommerhalbjahr. Allerdings fehlen genaue Angaben.

Der Paradiessittich ist im 19. Jahrhundert mehrfach nach Europa eingeführt worden und wurde einige Male gezüchtet, erstmals in Wien 1880. Außerdem wurden Mischlinge Paradiessittich × Singsittich erzielt. Heute ist er gänzlich verschwunden und wird weder in Australien noch in Europa gehalten.

12.4. *Psephotus chrysopterygius* (Gould)
Goldschultersittich
Engl. Golden-shouldered Parrot, Golden-winged Parrot

Verbreitung: Nördliches Queensland (Kap York-Halbinsel) und Nordterritorium südostwärts bis zum McArthur-River (Karte Abb. 41).

2 Unterarten.

1. *Psephotus chrysopterygius chrysopterygius* (Gould) – Goldschultersittich. Engl. Golden-shouldered Parrot, Golden-winged Parrot. Verbreitung: Nördliches Queensland.

2. *Psephotus chrysopterygius dissimilis* (Collett) – Hoodedsittich (Abb. 26). Engl. Hooded Parrot, Black-hooded Parrot. Verbreitung: Nordterritorium. Diese Unterart ist früher als eigene Art, *Psephotus dissimilis*, bezeichnet worden. Beide Formen, die sich geographisch vertreten, stimmen jedoch im Aussehen und in der Lebensweise so weitgehend überein, daß sie von Peters (1937) in der „Checklist of Birds of the

World" zu einer einzigen Art zusammengefaßt worden sind. Diese Zusammenfassung wird heute von den meisten Systematikern anerkannt, während andere die artliche Trennung beibehalten. Namentlich A. Lendon (briefl.) weist auf das Vorhandensein von Verhaltensunterschieden hin und plädiert für die Anerkennung von zwei getrennten Arten. Offenbar stehen beide Formen gerade an der Grenze der Artbildung.

Beide Unterarten sind heute sehr selten. In erster Linie ist vermutlich die Veränderung des Lebensraumes ursächlich für den Bestandsrückgang. Die Nutzung als Weideflächen führten zu einer veränderten Vegetation, was zur Folge hat, daß insbesondere zur Brutzeit den Sittichen die notwendigen Sämereien fehlen (Forshaw 1981). Des weiteren wurde der Goldschultersittich durch den illegalen Fang und das Ausräubern der Nester für Handelszwecke stark dezimiert. Auch eingeführte kleinere Raubtiere stellen eine Gefährdung dar. Sein Gesamtbestand wurde auf weniger als 250 Vögel geschätzt (Dr. Kolar, Gef. Welt 1970), doch weist Dr. Burkard (Gef. Welt 1971) mit Recht darauf hin, daß es schwierig sein dürfte, den tatsächlichen Bestand zuverlässig zu schätzen, weil das Heimatgebiet des Goldschultersittichs nur wenig besiedelt und zum Teil schwer zugänglich ist.

Ein klein wenig besser scheint es inzwischen um den Bestand des Hoodedsittichs bestellt zu sein. Christian Krause, der 1970 Nordaustralien bereiste, beobachtete ihn mehrfach in größerer Anzahl, und zwar auch westlich des bisher aus der Literatur bekannten Verbreitungsgebietes. Möglicherweise dehnt der Hoodedsittich also sein Wohngebiet gegenwärtig nach Westen aus (Dr. Burkard, Gef. Welt 1971).

Die Art bewohnt offene Savannenlandschaften und dringt im Süden ihres Verbreitungsgebietes bis in das Spinifexgrasland vor. Sie lebt zur Brutzeit paarweise und schließt sich außerhalb derselben zu kleinen Gruppen zusammen. Der Lockruf ist ein einsilbiger, weicher und melodischer Pfiff, während der rauhe Flugruf zweisilbig und relativ laut ist. Der Flug ist wellenförmig und kräftig. An der Tränke sind die Tiere besonders scheu. Sie landen in der Spitze eines Baumes und hüpfen von dort von Zweig zu Zweig langsam nach unten. Mitunter brauchen sie fast eine Stunde, ehe sie sich schließlich an das Wasser herunterwagen und nach dem Trinken sofort wieder auffliegen. Die Nahrung besteht aus Grassamen und Insekten (Cayley 1938).

Das Nest wurde erst 1922 entdeckt. Wie der Paradiessittich, so brütet auch der Goldschultersittich vorzugsweise in Termitenbauten (Abb. 27), die in seiner Heimat überall häufig sind. Offensichtlich besteht eine enge Beziehung zu einer bestimmten Termitenart *(Amitermes scopulus)*, die kegelförmige Hügel errichtet. Im Innern derartiger Hügel herrschen geringere Temperaturschwankungen als in den Hügeln anderer Arten (Weaver 1982, 1987). Vom Goldschultersittich hat man noch kein einziges Baumnest gefunden, und auch der Hoodedsittich brütet nur ausnahmsweise in Astlöchern. In Menschenobhut werden beide Unterarten allerdings in den üblichen Holznistkästen gezüchtet. Form und Größe der Bruthöhlen stimmen mit denen des Paradiessittichs überein. Das Gelege besteht aus 2 bis 6 Eiern. Der Goldschultersittich brütet am Ende der Regenzeit und in der ersten Hälfte der Trockenzeit, d. h. in den Monaten April bis Juni.

K. A. Hindwood hat auf eine interessante Symbiose zwischen dem Goldschultersittich und einer kleinen Schmetterlingsart *(Neossiosynoeca scatophaga)* aufmerksam gemacht. Die Raupen dieser Motte leben im Innern der Nestkammer und ernähren sich ausschließlich von den Exkrementen der jungen Sittiche. Sie kommen in allen besetzten Nestern in so großer Zahl vor, daß sie die Nestkammer völlig reinhalten, obwohl Sittiche bekanntlich die Nester und die Bruthöhle normalerweise schon nach kurzer Zeit stark verschmutzen. Die kleinen Raupen reinigen sogar die Füße und Federn der Nestlinge, die sich wenig um ihre Mitbewohner kümmern.

Sittich und Schmetterling scheinen in einer echten Symbiose zu leben. Die Schmetterlingsraupe ist völlig auf die Exkremente der jungen Sittiche spezialisiert und wurde noch niemals an anderer Nahrung gefunden. Der Sittich hat ebenfalls einen Vorteil, weil durch die Reinhaltung der Bruthöhle Nestparasiten, namentlich Schmeißfliegen, ferngehalten werden, die ihre Eier in frischen Vogelkot ablegen und deren Larven den Nestlingen großen Schaden zufügen können. Bislang ist noch ungeklärt, welche Schlüsselreize den Schmetterling veranlassen, seine Eier zum richtigen Zeitpunkt abzulegen. Wenn die Eiablage nämlich zu früh erfolgt, schlüpfen die Raupen vor den jungen Sittichen und müssen verhungern. Erfolgt sie dagegen zu spät, verlassen die Sittiche schon kurze Zeit später das Nest, und die Raupen finden danach ebenfalls nicht mehr genügend Nahrung. Der Schmetterling muß seine Eier also zu einer ganz bestimmten Zeit im Sittichnest ablegen, wenn die normale Entwicklung der Larven gewährleistet sein soll. Tatsächlich hat man auch stets nur kurz vor dem Schlüpfen der Sittiche kopulierende Schmetterlinge in den Bruthöhlen gefunden.

Bis die Raupen verpuppungsreif sind, haben die Sittiche das Nest gerade verlassen. Die Puppenkokons der Motten, die an Honigwaben erinnern, liegen dann auf dem Boden der Nestkammer, wo sie gegen alle Witterungseinflüsse geschützt sind. Nach der Zeit der Puppenruhe verlassen die erwachsenen Motten den Kokon, schwärmen aus und legen in der folgenden Brutzeit ihre Eier wiederum in einer Sittichhöhle ab. Der Lebenszyklus dieses Kleinschmetterlings ist also völlig auf die Brutbiologie des Sittichs abgestimmt und in unbedingte Abhängigkeit von ihm geraten, während der Sittich auch ohne die Mottenlarven zu existieren vermag. Sollte der Goldschultersittich einmal aussterben, wird vermutlich auch die Motte infolge ihrer strengen Spezialisierung zum Aussterben verurteilt sein.

Eine nahe verwandte Kleinschmetterlingsart lebt in den Bruthöhlen des Rosellasittichs. Da die meisten australischen Sittiche an schwer zugänglichen Stellen brüten und in ihren Bruthöhlen fast völlige Dunkelheit herrscht, ist es ziemlich sicher, daß auch andere Sittiche derartige Mitbewohner haben, die man bisher noch nicht entdeckt hat. In Südamerika hat man in den Bruthöhlen des Braunwangensittichs, *Aratinga pertinax*, ebenfalls Mottenlarven gefunden, die offenbar eine ähnliche Symbiose eingegangen sind. Besonders interessant ist es, daß auch in den Nestern von Prachtfinken, die ebenfalls keine Nesthygiene haben, Symbionten vorkommen. Ihre Nester enthalten allerdings nicht nur Schmetterlingsraupen, sondern auch die Larven verschiedener Käfer.

Es ist bisher unbekannt, aus welchem Grund und auf welchem Wege sich die Larven der Gattung *Neossiosynoeca* auf eine derart ausgefallene Nahrung spezialisiert haben. Die Gattung gehört zur Familie der Gelechiidae (Tastermotten), von der in Australien mehr als 1000 Arten bekannt sind. Von ihnen lebt nur *Neossiosynoeca* von Vogelexkrementen, während alle übrigen reine Pflanzennahrung zu sich nehmen.

Der Goldschultersittich wurde 1897 zum erstenmal nach London importiert und gelangte kurze Zeit später auch nach Berlin. Er ist seither (namentlich in seiner Unterart *dissimilis*, Hoodedsittich) regelmäßig gehalten worden, war aber niemals sehr häufig. Er ist gegen Kälte (vor allem gegen nasse Kälte) sehr empfindlich und sollte daher im geheizten Raum überwintert werden. Sonst ist er genauso anspruchslos wie die übrigen *Psephotus*-Arten. Man muß allerdings bedenken, daß der Goldschultersittich in weiten offenen Landschaften zu Hause und gewohnt ist, große Strecken zu fliegen. Er sollte daher in möglichst geräumigen Volieren untergebracht werden, da er sich sonst das Gefieder zerstößt. Leider ist er sehr unverträglich und muß auch außerhalb der Brutzeit paarweise gehalten werden.

Zur Zucht des Hoodedsittichs macht Dr. Burkard (Gef. Welt 1969) folgende Bemerkungen: „Es sind – entgegen der Behauptung in verschiedenen Büchern – keine ausschließlichen Winterbrüter, worauf schon Melides hinwies. Vielmehr schreiten hier gezüchtete Vögel auch in unserem Frühjahr und Sommer zur Brut. Werden sie aber kalt überwintert, so ist die Chance kleiner, mehr als eine Brut zu erhalten. Zudem ist bei kalter Überwinterung darauf zu achten, daß sie frostfreie, trockene Innenräume haben und vor Nebel und kaltem Wind geschützt sind.“ (. . .) „Die erste Brut beginnt meist etwa Mitte August, verschiebt sich aber auf den September, wenn das Paar im vorangegangenen Jahr 3 Bruten hochzog. In der 2. oder 3. Generation hier gezüchtete Vögel können aber auch im Mai zur ersten Brut schreiten, mausern aber im August/September und nehmen das Brutgeschäft im Oktober wieder auf.“

Die Balz verläuft bei beiden Unterarten sehr ähnlich. Das Männchen sträubt das Brustgefieder und schlägt den Schwanz mit großer Geschwindigkeit um etwa 45° hin und her. Außerdem wirft es den Kopf auf und sträubt das Kopfgefieder. Die Flügel werden angehoben und in höchster Erregung vibrierend bewegt. Während der Balz wird ständig der dreisilbige Balzruf ausgestoßen. Das beim Blutbauchsittich besonders stark ausgeprägte Kopfnicken kommt auch beim Goldschultersittich vor, ist hier aber nur schwach angedeutet.

12.5. *Psephotus haematonotus* (Gould)

Singsittich, Blutrumpfsittich

Engl. Red-backed Parrot, Red-rumped Parrot, Grass Parrot, Ground Parrot

Verbreitung: Südliches Queensland, Neusüdwales, Victoria, östliches Südaustralien (Karte Abb. 42). Seit 1956 hält sich eine kleine Population von Singsittichen auch in den nordöstlichen Vororten der Hauptstadt von Queensland, Brisbane, auf. Sie scheint sich neuerdings stärker zu vermehren und auszudehnen. Es ist unbekannt, ob sie auf entflogene Volierenvögel zurückgeht oder ob die Art ihr Verbreitungsgebiet inzwischen vom Westen her bis zur Küste vorgeschoben hat.

Der Singsittich gehört zu den häufigsten Papageien Ostaustraliens. Er bewohnt offene Eukalyptussavannen im Landesinnern und fehlt in den feuchteren Küstengebieten östlich des ostaustralischen Randgebirges. Er ist ein echter Kulturfolger, der heute stellenweise auf Feldern und in Gärten häufiger ist als in seinem natürlichen Lebensraum. Vielfach kommen Singsittiche in die Hühnerhöfe der Farmen und fressen mit den Hühnern aus den Futternäpfen, oder sie suchen im Innern von Scheunen und Schuppen nach Druschabfällen und verstreuten Getreidekörnern. Sie brüten in der Nähe von Farmhäusern, an Ställen und Schuppen sowie selbst im Innern geschlossener Ortschaften. Dementsprechend ist der Singsittich seit der Besiedlung durch

Abb. 42. Verbreitung des Singsittichs, *Psephotus haematonotus.* Nach Forshaw u. Cooper 1981

die Europäer wesentlich häufiger geworden. Durch die Rodung großer Waldgebiete, die er absolut meidet, hat er außerdem sein Verbreitungsgebiet erheblich ausdehnen können. Er ist in Gegenden vorgedrungen, die früher von waldbewohnenden Sittichen besiedelt waren. In neuester Zeit droht ihm stellenweise allerdings Gefahr von den eingeführten europäischen Staren und Haussperlingen, die ihn aus seinen Bruthöhlen verdrängen. In einigen Siedlungen hat man daher begonnen, Nistkästen für Singsittiche aufzuhängen, da diese Art bei der Bevölkerung besonders beliebt ist (Bourke 1951).

Die Nahrung des Singsittichs besteht in erster Linie aus Grassamen, doch werden auch Samen anderer Pflanzen (Caryophyllaceen, Chenopodiaceen, Papaveraceen) aufgenommen (Lea u. Gray 1935). Ashby fand im Kropf eines Singsittichs die Samen einer Miere *(Stellaria media)*, White bei einem anderen Tier die Überreste von Mohnkörnern *(Papaver hybridum)*. Forshaw (1962) gibt für die Umgebung von Canberra die Samen von *Echinochloa crusgalli* und verschiedenen *Linum*-Arten als Hauptnahrung an. In dicht besiedelten Gebieten ernährt sich der Singsittich weitgehend von Unkrautsamen und den Sämereien und Früchten verschiedener Ackerpflanzen. Eine besondere Vorliebe zeigt er für die Früchte eines eingeführten Pfefferstrauches, der von den Farmern als Windschutz angepflanzt wird. Außerdem nimmt er kleine Stücke von der Rinde dieses Strauches auf. Courtney beobachtete ihn auch an den Blüten einer Eukalyptusart *(Eucalyptus melliodora)*. Die Tiere kauten die offenen nektarbeladenen Blüten mit dem Schnabel durch, ließen ungeöffnete Knospen aber unbeachtet. Dabei wurden die Blüten mitunter auch unter den Fuß geklemmt, eine bei den Arten der Gattung *Psephotus* außerordentlich selten zu beobachtende Verhaltensweise.

Im Magen nahezu aller untersuchten Singsittiche fand man größere Mengen von Holzkohle. Im Gegensatz zum Rosella plündert der Singsittich niemals die Weizenfelder. Obwohl er in den Gärten gelegentlich großen Schaden anrichtet, erweist er sich durch die Vertilgung von Unkrautsamen auch wieder als nützlich. Singsittiche suchen die Nahrung überwiegend am Boden. Nur gelegentlich sieht man sie auf der Suche nach Blüten und Früchten auch in Sträuchern oder Bäumen. Am Boden sind sie durch graugrüne Färbung der Oberseite relativ gut vor ihren Hauptfeinden, den kleinen Greifvögeln, getarnt. Ihre Wachsamkeit ist jedoch gering. Vielfach werden sie für anschleichende Katzen eine leichte Beute. Einer Gruppe fressender Singsittiche kann man sich ohne weiteres bis auf wenige Meter nähern.

Singsittiche sind sehr gesellig. Außerhalb der Brutzeit schließen sie sich zu großen Schwärmen zusammen, die gelegentlich aus vielen hundert Tieren bestehen. Diese Verbände halten eng zusammen. Am Abend sammelt sich der ganze Schwarm in einem hohen Baum, und von dort fliegen einzelne Paare oder kleine Gruppen zu ihren Schlafplätzen ab. Ähnlich verhalten sich die Schwärme vieler australischer Prachtfinken, die sich zum Abend auflösen und in verschiedene Richtungen verstreuen. Die Paare halten ganzjährig eng zusammen. Das Männchen füttert seine Partnerin, und beide Tiere kraulen einander häufig im Gefieder, eine Eigenschaft, die nur bei wenigen australischen Sitticharten vorkommt. Jungvögel aus der letzten Brutzeit beginnen im Juni sich zu verpaaren.

Der Lockruf, der gleichzeitig als Flugruf benutzt wird, ist ein kurzes und scharfes *„tzitt“* oder *„tsilp“*. Daneben verfügen beide Geschlechter über eine laute, durchdringende Rufreihe *(„tetititit“)*, deren Anfangssilbe betont ist und die allmählich tiefer und leiser wird. Der plaudernde „Gesang“ wird im Gegensatz zu den Rosellas von beiden Geschlechtern vorgetragen. Namentlich junge Weibchen singen genauso häufig wie die Männchen (H a m p e).

B r e r e t o n fand bei Singsittichen eine echte Rangordnung, wie sie von vielen gesellig lebenden Tieren bekannt ist. Jedes Tier hat innerhalb der Gruppe eine ganz bestimmte Stellung, darf also rangniedere Tiere weghacken, muß sich aber vor ranghöheren zurückziehen. Die verpaarten Weibchen haben dieselbe Stellung wie ihre Männchen. Eine derartige „Hackordnung“, die bisher noch von keiner anderen Sittichart beschrieben wurde, setzt voraus, daß sich die Mitglieder der Gruppe persönlich kennen.

Im zeitigen Frühjahr, d. h. etwa Anfang August, beginnen die Tiere zu balzen. Die gegenseitigen Fütterungen werden häufiger und sind von lauten Rufen und heftigem Kopfnicken begleitet. Das Kopfnicken ist primär eine Begleiterscheinung des Hochwürgens von Nahrung, doch scheint es sekundär „überbetont“ worden zu sein. Dadurch wurde es zu einem Auslöser für die Reaktionen des Weibchens und damit zu einer echten Balzhandlung.

Der Nistplatz des Singsittichs variiert beträchtlich. Astlöcher und hohle Baumstämme werden bevorzugt, doch brüten die Tiere gelegentlich auch in verlassenen Haussperlingsnestern in den Strohdächern von Schuppen und Scheunen oder sogar in langen Brutröhren, die von Bienenfressern in die Uferbänke von Flüssen gegraben worden sind. Dementsprechend ist auch die Höhe der Bruthöhlen sehr unterschiedlich; die niedrigsten sind unmittelbar am Boden, die höchsten in den äußersten Spitzen hoher Eukalyptusbäume. Auch die Tiefe der Nisthöhlen variiert. In einigen Fällen ist der Boden der Kammer nur wenige Zentimeter unter der Eingangsöffnung, während andere Höhlen fast senkrecht bis zu 2 m nach unten führen. Wahrscheinlich kehren manche Paare Jahr für Jahr zum selben Brutplatz zurück (B o u r k e 1951). Die Nistplatzsuche beginnt etwa 2 Wochen vor der Eiablage. Das Männchen sucht zuerst allein und inspiziert mehrere Astlöcher, schlüpft aber niemals hinein, sondern „begutachtet“ sie nur von außen her. Hat das Männchen eine geeignete Stelle gefunden, so bleibt es dort so lange sitzen bzw. kehrt so oft dorthin zurück, bis das Weibchen herbeifliegt, das sofort und ohne Zögern hineinschlüpft. Das Männchen bleibt weiterhin am Eingang der Höhle sitzen. Stets entscheidet das Weibchen über die endgültige Annahme einer Bruthöhle. Diese Schilderung des Verhaltens auf der Nistplatzsuche gilt im Prinzip für alle bisher untersuchten Plattschweifsittiche.

Das Gelege besteht aus 4 bis 7 Eiern. Eigröße 20–21 × 22–25 mm. In den ersten Tagen hält sich das Männchen stets in unmittelbarer Nähe des Nestes auf, um das brütende Weibchen bei Gefahr zu warnen. Auf seinen Ruf hin verläßt das Weibchen das Nest, und beide fliegen gemeinsam ab. Nach ein paar Tagen läßt der Eifer des Männchens allerdings merklich nach. Es schließt sich nun wieder den Schwärmen der unverpaarten oder nichtbrütenden Tiere an, die auch zur Brutzeit bestehen bleiben. Von dort kommt es etwa stündlich zum Nest, um das Weibchen zu füttern. Das Männchen nähert sich rufend und kopfnickend der Bruthöhle. Beide fliegen gemeinsam zu einem benachbarten Baum, wo das Weibchen gefüttert wird. Auch bei den *Neophema*-Arten findet die Fütterung in einem Nachbarbaum statt, während der Wellensittich sein Weibchen direkt am Eingang der Bruthöhle füttert. In der Regel kehrt das Weibchen nach der Fütterung sofort zum Nest zurück, gelegentlich fliegen jedoch beide ab, und das Nest steht bis zu 30 min leer.

Die Eier werden im Abstand von 48 Stunden abgelegt, doch kann sich der Legeabstand gegen Ende des Geleges weiter vergrößern. So fand B o u r k e (1951) ein Nest, in dem das 7. Ei erst eine Woche nach dem 6. Ei abgelegt wurde. Die Bebrütung beginnt normalerweise mit dem 2. Ei. Die ersten beiden Jungvögel schlüpfen dementsprechend am selben Tag, während die übrigen jeweils in 1- bis 2tägigem Abstand folgen. Die Bebrütungsdauer der einzelnen Eier scheint nicht genau gleich zu sein. Sie schwankt zwischen 17 und 20 Tagen und ist bei den ersten Eiern eines Geleges etwas länger als bei den letzten. Ähnliche Unterschiede sind von anderen Kleinvögeln (z. B. Alpensegler) bekannt. Das Weibchen sitzt auf dem Nest, bis der letzte Jungvogel geschlüpft ist.

Die ersten Nestlinge werden nur vom Weibchen gefüttert, teilweise wahrscheinlich mit der Nahrung, die das Männchen ihm bei den Fütterungen übergibt. Danach nehmen die Huderzeiten kontinuierlich ab, und beide Eltern beteiligen sich an der Fütterung der Jungen. Das Weibchen übernachtet im Nest, bis der letzte Jungvogel ausgeflogen ist. Die Jungen werden alle 30–45 min gefüttert. Die Eltern kommen in der Regel gemeinsam zum Nest, schlüpfen aber einzeln zur Fütterung ein, zuerst das Weibchen, dann das Männchen. Das Weibchen wartet dann, bis das Männchen wieder erscheint, und beide fliegen gemeinsam ab (B o u r k e 1951). Dasselbe Verhalten zeigen viele australische Prachtfinken. Jede Fütterung dauert etwa 10 min.

Die Nestlingsdauer ist unterschiedlich. Die Jungen fliegen in derselben Reihenfolge aus, wie sie geschlüpft sind, doch bleiben die letzten verhältnismäßig länger im Nest als die ersten. Möglicherweise werden die älteren infolge ihres stärker entwickelten Bettelverhaltens vergleichsweise besser gefüttert als die jüngsten, die in ihrer Entwicklung dementsprechend etwas zurückbleiben. Außerdem scheint die Nestlingsdauer geringfügig von der Witterung und dem Nahrungsangebot beeinflußt zu werden, wie es auch bei den australischen Steppenprachtfinken festgestellt werden konnte (I m m e l m a n n , eig. Beob.). Sie schwankt beim Singsittich zwischen 25 und 37 Tagen und beträgt im Durchschnitt 29 bis 30 Tage.

B o u r k e (1951) hat den Brutverlauf eines Paares durch mehrmalige tägliche Kontrolle in allen Einzelheiten studiert. Es handelt sich um die einzigen genauen Daten, die von freilebenden Sittichen bekannt sind. Sie seien daher nachfolgend zitiert:

29. 9.	1. Ei
1. 10.	2. Ei
2. 10.	Brutbeginn
3. 10.	3. Ei
5. 10.	4. Ei
7. 10.	5. Ei
19. 10.	Jungvogel aus dem 2. Ei geschlüpft, 7 Uhr
20. 10.	Jungvogel aus dem 1. Ei geschlüpft, 17 Uhr
22. 10.	Jungvogel aus dem 3. Ei geschlüpft, 12 Uhr
24. 10.	Jungvogel aus dem 4. Ei geschlüpft, 10 Uhr
25. 10.	Jungvogel aus dem 5. Ei geschlüpft, 17 Uhr
19. 11.	1. Jungvogel ausgeflogen
20. 11.	2. Jungvogel ausgeflogen
22. 11.	3. Jungvogel ausgeflogen
23. 11.	4. Jungvogel ausgeflogen
26. 11.	5. Jungvogel ausgeflogen.

Die Jungvögel verließen das Nest in der Reihenfolge, in der sie geschlüpft waren. Der Jungvogel aus dem 2. Ei schlüpfte früher als der aus dem 1. Ei, d. h., das 2. Ei hatte eine kürzere Entwicklungsdauer.

Singsittiche leben auch zur Brutzeit gesellig. Vielfach sind mehrere benachbarte Bäume von Brutpaaren bewohnt, und mitunter brüten zwei oder drei Paare im selben Baum. Das Männchen verteidigt nur die Bruthöhle und deren unmittelbare Umgebung gegen Artgenossen. Die Revierverteidigung beginnt – wie bei allen bekannten Plattschweifsittichen – mit Gesang und häufigem Schwanzschütteln und endet meist mit einem richtigen Schnabelkampf.

Die Brutzeit dauert von September bis Dezember, ist jedoch in starkem Maße vom Klimaverlauf abhängig. Bleiben die Frühjahrsregen aus, so beginnt die Brut vielfach erst im November oder Dezember. Andererseits kann sich die Brutzeit bei reichlichen Niederschlägen im Sommer bis zum Spätherbst (Mai) ausdehnen, bis ihr die niedrigen Temperaturen ein Ende setzen.

Der Singsittich gehört neben den Rosellas zu den am häufigsten gehaltenen Plattschweifsittichen. Er ist fast so anspruchslos wie die *Platycercus*-Arten, ist allerdings gegen Kälte etwas empfindlicher und sitzt bei tiefen Temperaturen häufig aufgeplustert herum.

Der Singsittich schreit niemals, vielmehr haben beide Geschlechter einen angenehm plaudernden Gesang. Zur Brutzeit sind sie gegenüber anderen Sittichen unverträglich und müssen paarweise gehalten werden.

In Menschenobhut sind mehrfach Mischlinge gezüchtet worden, namentlich mit anderen *Psephotus*-Arten (Vielfarbensittich, Goldschultersittich), gelegentlich jedoch auch mit verschiedenen Rosellas (Rosellasittich, Stanleysittich) und dem Barnardsittich (F o r s h a w , Avicult. Mag. 1962).

13. Gattung Nymphicus Wagler, Kakadusittich

Da die Gattung *Nymphicus* in verschiedenen morphologischen und ethologischen Merkmalen mit den Plattschweifsittichen (Platycercini) übereinstimmt, ordneten etliche Systematiker sie diesen zu. Heute ist man sich im allgemeinen jedoch darin einig, daß es sich bei dem Nymphensittich um einen Kakadu handelt, der sich aufgrund einer ähnlichen Lebensweise konvergent zu den Plattschweifsittichen entwickelt hat (Holyoak 1972, Courthney 1974, Smith 1975, Homberger 1980). Courthney (1974) schlägt vor, daß die Kakadus von einer *Nymphicus*-ähnlichen Form abzuleiten sind, die auch zu der Gattung *Neophema* innerhalb der Plattschweifsittiche hinweist. Auch der Rosakakadu (*Eolophus roseicapillus*), der mit dem Nymphensittich im selben Gebiet vorkommt und sich durch eine ähnliche Lebensweise auszeichnet, zeigt konvergente Übereinstimmungen mit den Plattschweifsittichen (Güntert 1981).

Die Gattung *Nymphicus* ist monotypisch und umfaßt nur eine Art.

13.1. *Nymphicus hollandicus* (Kerr)
Nymphensittich
Engl. Cockatiel, Quarrion, Crested Parrot, Cockatoo-Parrot, Weero

Verbreitung: Inlandgebiete von Australien (Karte Abb. 43). Irrgast in Tasmanien.

Der Nymphensittich bewohnt mit Ausnahme der feuchteren küstennahen Gebiete den ganzen australischen Kontinent. Trotz dieses gewaltigen Verbreitungsgebietes zeigt er keine Unterartenbildung. Diese Tatsache ist tiergeographisch sehr interessant. Die in den Randgebieten Australiens lebenden Sittícharten sind stets an bestimmte Lebensräume (geschlossene Wälder, Savannen, Sumpfgebiete) angepaßt und vermögen außerhalb dieser Biotope nicht zu existieren. Viele dieser Vegetationsformen erstreckten sich früher in einem geschlossenen Band um den ganzen Kontinent. Mit der zunehmenden Austrocknung wurde dieser einheitliche Gürtel zerstört und die betreffende Pflanzengemeinschaft auf einzelne, besonders günstige Gebiete zurück-

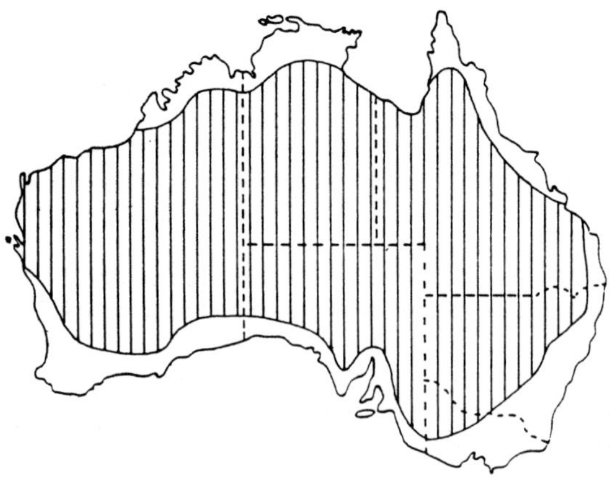

Abb. 43. Verbreitung des Nymphensittichs, *Nymphicus hollandicus*. Nach Forshaw u. Cooper 1981

gedrängt. Damit wurde auch das Verbreitungsgebiet der sie bewohnenden Sittiche zerrissen und in viele kleine Areale aufgegliedert. Jedes dieser Areale beherbergt heute eine eigene Population, die von den Nachbarpopulationen isoliert ist. Tritt in einem der Gebiete eine Mutation auf, die sich allmählich durchzusetzen vermag, so muß sie infolge der geographischen Isolierung auf diese eine Population beschränkt bleiben, die sich dadurch von den übrigen Populationen unterscheidet. Damit ist der erste Schritt zur Unterartenbildung bereits getan, und mit jeder neuen Mutation vergrößert sich der Unterschied zwischen den einzelnen Populationen. Aus diesem Grund zeichnen sich die meisten Sitticharten aus den Randgebieten Australiens durch jeweils mehrere Unterarten aus. Die besten Beispiele hierfür sind die Rosellas *(Platycercus)* und die Ringsittiche *(Barnardius)*. Das gleiche gilt auch für andere Vogelgruppen.

Ganz anders ist es bei den Bewohnern der trockenen Inlandgebiete. Sie sind in einem Lebensraum beheimatet, der sich ohne Unterbrechung über das ganze Zentrum des Kontinents erstreckt. Die Ausbildung isolierter Populationen ist nicht möglich, da geographische Schranken völlig fehlen. Außerdem werden die Bewohner der Trockengebiete häufig zu ausgedehnten Wanderungen gezwungen, die eine ständige Vermischung der Populationen zur Folge haben. Die Entstehung von Unterarten ist unter diesen Umständen nicht möglich. Deshalb repräsentieren die Vogelarten Zentralaustraliens trotz ihres großen Verbreitungsgebietes jeweils eine einheitliche Art ohne Unterartengliederung und stehen damit in krassem Gegensatz zu den Küstenbewohnern. Beispiele hierfür sind Wellensittich, Nymphensittich, Bourkesittich und Nachtsittich. Diese Erscheinung ist jedoch nicht auf die Sittiche beschränkt, sondern stellt eine allgemein gültige Regel dar. Weitere Inlandvögel ohne Unterartenbildung sind Schopftaube, Diamanttäubchen und Zebrafink.

Gleich vielen Bewohnern der trockenen Inlandgebiete Australiens ist der Nymphensittich durch seine ausgeprägte nomadische Lebensweise gekennzeichnet. Seine Häufigkeit wird durch das Nahrungsangebot bestimmt. Bei ausgedehnten Dürreperioden kann er ein Gebiet plötzlich völlig verlassen, in dem er vorher überaus häufig war. Andererseits macht er bei besonders günstigen Lebensbedingungen mehrere Bruten nacheinander, so daß es sehr rasch zu einer Übervölkerung kommt. Wird das Nahrungsangebot wieder geringer, so werden die überzähligen Tiere zur Abwanderung gezwungen. Sie weichen in die küstennahen Gebiete aus und fallen in großen Schwärmen in Gegenden ein, in denen die Art normalerweise nicht vorkommt. So ist der Nymphensittich gelegentlich sogar bis nach Tasmanien (Sharland 1958) und bis in das Gebiet um Bridgetown in die südwestaustralischen Eukalyptuswälder vorgedrungen (Serventy u. Whittell 1976).

In der Regel bleiben die Tiere nur wenige Wochen oder Monate und wandern anschließend in das Landesinnere zurück. Mitunter siedeln sich jedoch einzelne Paare in der neuen Heimat an, die den Grundstock für eine eigene Population bilden. Neben dem Nymphensittich haben auf diese Weise auch andere Inlandvögel (Rosakakadu, Schopftaube, Zebrafink) ihr Verbreitungsgebiet in den letzten Jahrzehnten küstenwärts ausgedehnt (Serventy u. Whittell 1976). Diese Ausbreitungstendenz ist vermutlich durch das immer trockener werdende Klima Australiens und durch großflächige Waldrodungen begünstigt worden.

Mit Ausnahme geschlossener Wälder bewohnt der Nymphensittich beinahe jeden

Lebensraum. Man trifft ihn in den hohen Bäumen am Ufer von Flüssen und „Creeks“, in offenen Eukalyptussavannen, in der niedrigen Mulgastrauchsteppe und selbst im wüstenhaften Spinifexgrasland. Die Paare halten ganzjährig sehr eng zusammen und geben ihre Bindung auch in großen Verbänden nicht auf. Außerhalb der Brutzeit wandert der Nymphensittich in kleinen Gruppen (10 bis 50 Vögel) weit umher. In besonders trockenen Jahren kommt es in der Nähe der letzten Wasserstellen zu Massenansammlungen von Hunderten oder Tausenden von Nymphensittichen.

Der Flug ist reißend und gleichmäßig. Er weist weder die Wellenform der *Platycercus*-Arten noch die scharfen Wendungen von *Polytelis* und *Neophema* auf, sondern führt in schnurgerader Linie nach vorn. Er ist gleichzeitig einer der schnellsten Flieger unter den Sittichen. Bei der Landung läßt er sich fast senkrecht wie ein Stein zur Erde fallen und bremst den Fall erst kurz vor der Landung ab. Im Flug ist die weiße Flügelbinde weithin sichtbar und dient möglicherweise dem engen Zusammenhalt der Gruppe. Der Flugruf ist ein zweisilbiges *„quiil-quiil“*.

Nymphensittiche sitzen oft völlig exponiert auf abgestorbenen Ästen in den höchsten Spitzen der Bäume und Sträucher. Ihr graues Gefieder stimmt mit der Farbe der abgestorbenen Äste überein und macht sie vielfach fast unsichtbar. Sie sind sehr vertraut, und man kann sich bis auf wenige Meter an sie heranpirschen. Sobald sie sich aber am Erdboden befinden, sind sie überaus scheu und fliegen schon bei der geringsten Störung auf. Geradezu grotesk mutet jedoch ihre Scheu am Wasser an, und es ist beinahe ein lustiges Erlebnis, einer Gruppe Nymphensittiche beim Trinken zuzuschauen. Die Tiere kreisen lange über der Wasserstelle, kommen dann in rasendem Flug bis dicht über die Wasserfläche und stürzen fast senkrecht zu Boden. Sie landen niemals am Ufer, sondern gehen unmittelbar im flachen Wasser nieder. Dort machen sie ein paar kurze und eilige Schlucke und stürzen schon nach wenigen Sekunden wieder davon. Manchmal fliegen sie auch ohne erkennbaren Grund sofort wieder ab, noch ehe sie getrunken haben, und verschwinden am Horizont. Diese außergewöhnliche Scheu hängt mit dem Lebensraum und der Lebensweise des Nymphensittichs zusammen. Er ist Bewohner weiter offener Landschaften, in denen die Sicht nahezu unbegrenzt ist. Außerdem ist er ein gewandter und schneller Flieger. Seine beste Verteidigung ist daher die Flucht. Deshalb ist es für ihn lebenswichtig, daß er einen Feind (in erster Linie kleine Greifvögel) rechtzeitig erkennt. Am Erdboden wird seine Sicht jedoch häufig durch den Pflanzenwuchs behindert, und deshalb muß er dort besonders vorsichtig sein und so rasch wie möglich auf einen höhergelegenen Beobachtungsposten zurückkehren.

Die Nahrung besteht aus Samen von Gräsern und Kräutern. Nymphensittiche suchen auch blühende Eukalyptusbäume *(Eucalyptus microtheca)* auf, wo sie offenbar Blütennektar oder kleine Blüteninsekten aufnehmen. (I m m e l m a n n, eig. Beob.). In den Weizenanbaugebieten ernähren sie sich zur Reifezeit vorzugsweise von Weizenkörnern. In den Mount Mary Plains in Südaustralien, einem ausgedehnten Weizenanbaugebiet, gehörte der Nymphensittich zu den häufigsten Sittícharten, und Schwärme von 200 Tieren waren keine Seltenheit. Im östlichen Teil dieser Ebenen wurde der Getreideanbau nach dem Ende des zweiten Weltkrieges eingestellt, und seither ist auch der Nymphensittich fast völlig verschwunden (B o e h m 1959).

Nymphensittiche brüten in Astlöchern, wobei sie abgestorbene Bäume bevorzugen. Auch hierin kommt ihre Vorliebe für unbehinderte Sicht zum Ausdruck. Das Gelege besteht normalerweise aus 4 bis 5 Eiern. In guten Jahren sind allerdings auch Gelege von 6 und 7 Eiern keine Seltenheit. Eigröße 19 × 26 mm (Serventy u. Whittell 1976). Die Form der Eier entspricht derjenigen der übrigen Kakadus und ist deutlich länglicher als bei den Plattschweifsittichen (Saunders et al. 1984). Auch das Brutverhalten ist Kakadu-typisch, denn auch das Männchen beteiligt sich am Brutgeschäft und bedeckt die Eier während des Tages. Die Bebrütungsdauer beträgt 21 Tage. Brutzeit im Süden des Verbreitungsgebietes in den Frühlingsmonaten (August bis Dezember), im Norden am Ende der Regenzeit und am Anfang der Trockenzeit (April bis Juni). In Zentralaustralien fehlt eine festgelegte Brutzeit. Bei besonders günstigen Lebensbedingungen (nach Regenfällen) kann die Art dort in jedem Monat des Jahres zur Brut schreiten.

Der Nymphensittich ist heute nach dem Wellensittich der am häufigsten gehaltene australische Sittich. Er verträgt tiefe Temperaturen und kann im Freien überwintert werden. An die Fütterung stellt er keine besonderen Ansprüche und züchtet regelmäßig. Junge Nymphensittiche lassen sich leicht zähmen, wenn man sie unmittelbar nach dem Verlassen des Nestes von ihren Artgenossen trennt. Sie erlernen einzelne Worte oder kurze Melodien. Volierenvögel bleiben dagegen scheu.

Nymphensittiche sind absolut verträglich und können mit Wellensittichen und selbst mit kleinen Prachtfinken zusammen gehalten werden. Sie sind gewandte Flieger und fliegen in Freiheit große Strecken. Dieser Eigenschaft sollte auch der Züchter Rechnung tragen und sie in möglichst geräumigen Volieren unterbringen. Die Stimme des Nymphensittichs ist laut und eintönig und kann sehr lästig werden. Einzelne Männchen entwickeln sich mitunter zu starken Schreiern.

Lebensfähige Mischlinge mit anderen Sittichen wurden offenbar noch niemals erzielt, ein weiteres Zeichen für die systematische Sonderstellung des Nymphensittichs (S. 118). Lediglich Hampe erwähnt Mischlinge zwischen Rosella-Männchen und Nymphensittich-Weibchen, die aber bereits mit 14 Tagen starben.

14. Gattung Polytelis Wagler, Prachtsittiche

Die Gattung *Polytelis* gehört ebenfalls nicht mehr zu den eigentlichen Plattschweifsittichen, sondern zu den Wachsschnabelpapageien (Psittaculini) innerhalb der Loriinae. Zu ihnen zählen u. a. auch die Königssittiche *(Alisterus)*, die Rotflügelsittiche *(Aprosmictus)* und die Edelpapageien *(Eclectus)*.

Die Gattung *Polytelis* ähnelt in gewisser Weise den Plattschweifsittichen und teilt mit ihnen aufgrund konvergenter Entwicklung eine Reihe von Übereinstimmungen. Sie sei daher der Besprechung der Plattschweifsittiche angefügt.

Die *Polytelis*-Arten sind schlanke Sittiche mit sehr langem Schwanz. Die Schwanzfedern sind am Ende verschmälert und laufen spitz aus. Sie nehmen von außen nach innen an Länge zu; im Gegensatz zu den Plattschweifsittichen sind also die mittelsten vier Schwanzfedern niemals gleich lang. Der Schnabel ist bei allen Arten rot gefärbt, die vorherrschende Gefiederfarbe ist Grün. Der Flug ist reißend mit scharfen Wendungen und ohne jede Andeutung einer Bogenform. Ihr Flug erinnert an Limicolen, aber auch an die *Neophema*-Arten unter den Plattschweifsittichen.

Die anmutigen, schlanken und hübsch gezeichneten Prachtsittiche erfreuen sich bei vielen Vogelfreunden besonderer Beliebtheit. Sie eignen sich vorzüglich für die Volierenhaltung, sind im allgemeinen verträglich und werden auch ihrem Pfleger gegenüber rasch zutraulich. Allerdings sind alle drei Arten gewandte Flieger, die einen großen, möglichst langgestreckten Flugraum benötigen, um sich wohlzufühlen und in ihrer ganzen Schönheit zur Geltung zu kommen.

14.1. *Polytelis anthopeplus* (Lear)

Bergsittich, Olivgelber Sittich
Engl. Regent Parrot, Smoker Parrot, Black-tailed Parrot, Rock Pebbler

Verbreitung: Der Bergsittich hat zwei getrennte Verbreitungsgebiete, die durch einen viele hundert Kilometer breiten Streifen voneinander getrennt sind: 1. Südostaustralien vom südlichen Neusüdwales zum nordwestlichen Victoria und den Mallee-Gebieten von Südaustralien; 2. Südwestaustralien, südlich von Geraldton und westlich von Esperance (Karte Abb. 44).

Ähnlich wie der Schildsittich, so hatte vermutlich auch der Bergsittich früher ein größeres Verbreitungsgebiet, das sich über den ganzen Südteil Australiens ausgedehnt haben mag. Mit der zunehmenden Austrocknung entstand im Mittelabschnitt die Nullarborwüste, die dem Bergsittich keine Existenzmöglichkeit mehr bot und sein Verbreitungsgebiet in zwei Teile trennte. Die beiden Populationen unterscheiden sich im Aussehen bisher jedoch nur so geringfügig, daß nur wenige Autoren, z. B. Lendon (1973) die etwas grünlicher gelb gefärbten Westaustralier als eigene Unterart *(westralis)* bezeichnen. Um so interessanter sind die Unterschiede im Lebensraum und in den Beziehungen zum Menschen. Die ostaustralische Population des Bergsittichs bewohnt dicht bewachsene Strauchsteppen, die von verschiedenen Eukalyptusarten gebildet werden („Mallee"), sowie die Ufer des Murray River, die mit hohen Eukalyptusbäumen *(Eucalyptus camaldulensis)* bestanden sind. Sie meidet die Nähe des Menschen und ist daher mit zunehmender Besiedlung und der Rodung weiter „Mallee"-Gebiete immer seltener geworden. Anfang der dreißiger Jahre war der Berg-

Abb. 44. Verbreitung des Bergsittichs, *Polytelis anthopelus* (1), des Schildsittichs, *P. swainsonii* (2) und des Blaukappensittichs, *P. alexandrae* (3). Nach Forshaw u. Cooper 1981

sittich in Ostaustralien nahezu ausgestorben, und erst in allerletzter Zeit scheint sich sein Bestand stellenweise wieder etwas erholt zu haben.

Grundsätzlich anders verhält sich die westaustralische Population. Sie ist ein ausgesprochener Kulturfolger und bewohnt heute in erster Linie die Weizenanbaugebiete Südwestaustraliens. Dort hat sie sich derart vermehrt und richtet in den Weizenfeldern so großen Schaden an, daß sie in den meisten Bezirken ganzjährig abgeschossen werden darf. Außerdem dringt sie seit den zwanziger Jahren dieses Jahrhunderts ständig weiter in die Eukalyptuswaldgebiete im äußersten Südwesten vor und kommt jetzt sogar in der Nähe der Hauptstadt Perth vor. Der Bergsittich ist heute nach dem Kragensittich die häufigste Sittichart Westaustraliens, wesentlich häufiger als er es vor Beginn der Besiedlung jemals gewesen ist (S e r v e n t y u. W h i t t e l l 1976).

Bergsittiche streifen außerhalb der Brutzeit in kleinen Gruppen von höchstens 20 Tieren umher. Sie schließen sich – wie alle *Polytelis*-Arten – niemals zu großen Schwärmen zusammen. Ihr Flug ist reißend, das Flugbild erinnert durch den langen Schwanz des Vogels an einen kleinen Falken. Die Gruppe hält im Flug eng zusammen und ist zu völlig synchronen, scharfen Wendungen fähig, wie wir es in der heimischen Vogelwelt von den herbstlichen Schwärmen der Stare her kennen. Bergsittiche fliegen stets in großer Höhe, und es ist ein herrlicher Anblick, diese leuchtend gelben Vögel vor dem tiefblauen Himmel Australiens dahinstürmen zu sehen. Im Flug lassen sie einen lauten, weithin hörbaren Schrei hören, der nach dem Landen in leises Gezwitscher übergeht.

Bergsittiche halten sich am liebsten in den äußersten Spitzen hoher Eukalyptusbäume auf, wo sie bei Gefahr sofort abfliegen können. Dort suchen sie die Blüten nach Nektar und Blüteninsekten ab. Sie sind geschickte Kletterer und können auch an fast senkrechten Baumstämmen emporklettern. Die Nahrung suchen sie jedoch überwiegend am Boden. Sie besteht aus verschiedenen Sämereien, doch ernährt sich der Bergsittich in Westaustralien zeitweise ausschließlich von Weizen. Über die Zusammensetzung seiner ursprünglichen Nahrung ist nichts bekannt.

Der Bergsittich brütet in Eukalyptusbäumen in möglichst großer Höhe. Im Gegensatz zum Schildsittich bevorzugt er Höhlen im senkrechten Hauptstamm des Baumes. Die ausgewählten Bruthöhlen sind oftmals erstaunlich tief, mitunter befindet sich der Boden der Nestkammer mehr als 5 m unter dem Eingangsloch, und die Tiere müssen sich diese weite Strecke senkrecht herauf- und herunterhangeln. Gelegentlich brütet der Bergsittich auch in Erdhöhlen in senkrechten Uferbänken (C a y l e y 1938). Das Gelege besteht aus 3 bis 6 Eiern. Eigröße 23–25 × 27–32 mm (S e r v e n t y u. W h i t t e l l 1976). Brutzeit August bis Dezember.

Das Fortpflanzungsverhalten unterscheidet sich grundlegend von dem der Plattschweifsittiche. Während der Kopulation berühren sich die Schnäbel der Partner – vermutlich handelt es sich hierbei um ein ritualisiertes Balzfüttern, bei dem eine Nahrungsübergabe durch das Männchen nicht mehr stattfindet (Vogels, eig. Beob.). Ein derartiges Schnäbeln tritt innerhalb des Kopulationsverhaltens der Plattschweifsittiche nicht auf.

Der Bergsittich kam erstmals 1864 in den Londoner Zoo und wurde schon im vorigen Jahrhundert in Europa gezüchtet. Er ist gegen tiefe Temperaturen unempfindlich, sofern ihm ein großer Flugraum zur Verfügung steht. Er ist von allen australischen

Sittichen mit Abstand der beste Flieger und benötigt daher auch die größten Flugräume, die mindestens 6–8 m lang sein sollten. In kleineren Volieren kümmert der Vogel und verliert seine Widerstandskraft. Auch für eine erfolgreiche Zucht in mehreren Generationen ist eine geräumige Voliere Voraussetzung.

Bergsittiche benötigen neben dem üblichen Körnerfutter sehr viel Obst und Grünfutter. Sie sind absolut friedfertig und können bedenkenlos mit anderen Kleinvögeln zusammen gehalten werden. Zur Zucht sollte man sie allerdings paarweise absondern, da sie sich leicht beunruhigt fühlen und von anderen Voliereninsassen stören lassen.

14.2. *Polytelis swainsonii* (Desmarest)
Schildsittich, Barrabandsittich
Engl. Superb Parrot, Barraband Parrot

Verbreitung: Inlandgebiete von Neusüdwales im Gebiet des Murrumbidgee River, gelegentlich bis zum nördlichen Victoria. In neuerer Zeit wurde die Art auch im nördlichen Neusüdwales im Gebiet zwischen den Orten Gunnedah und Gilgandra beobachtet (Karte Abb. 44).

Von allen australischen Sittichen hat der Schildsittich das kleinste Verbreitungsgebiet, kleiner noch als der Rotkappensittich in Westaustralien. Er ist ausschließlich auf das Flußsystem des Murrumbidgee im Süden des Staates Neusüdwales beschränkt, ist innerhalb dieses kleinen Gebietes allerdings relativ häufig. Sein Lebensraum sind die schmalen Waldstreifen an den Ufern des Murrumbidgee und seiner Nebenflüsse. Allerdings ist seine Bindung an den Flußlauf nicht überall gleich; sie ist vielmehr von der jährlichen Niederschlagsmenge in seinem jeweiligen Heimatgebiet abhängig. Der Murrumbidgee entspringt im ostaustralischen Randgebirge, d. h. in einem Gebiet mit relativ hohen Niederschlägen, das von lichten Wäldern bedeckt ist. Von dort fließt er fast geradlinig nach Westen und mündet in den Murray River, der in der Nähe der südaustralischen Stadt Adelaide das Meer erreicht. Auf seinem Weg nach Westen durchfließt der Murrumbidgee allmählich immer trockenere Klimabezirke, bis er in seinem Mündungsgebiet von ausgeprägter Trockensteppe umgeben ist. Diese Abstufung in der jährlichen Regenmenge und die damit verbundenen Unterschiede im Vegetationsbild spiegeln sich in der Verbreitung des Schildsittichs wider. Im trockenen Westen ist er streng an die Nähe des Flusses gebunden und bewohnt die hohen Eukalyptusbäume *(E. bicolor, E. camaldulensis)* unmittelbar am Ufer, von denen er sich höchstens ein paar hundert Meter entfernt. Die gleiche Bindung an die schmalen Galeriewaldstreifen zeigt auch der Strohsittich, während Sing- und Blutbauchsittich, die dasselbe Gebiet bewohnen, in den reinen Trockensteppen weitab vom Fluß zu Hause sind. Je weiter man nach Osten geht, desto weiter entfernt sich auch der Schildsittich vom Wasser, und am Ostrand seines Verbreitungsgebietes ist er etwa gleichmäßig über die relativ feuchten Savannen verteilt, die vornehmlich aus Eukalyptusbäumen *(E. blakelyi, E. melliodora)* bestehen.

Nördlich des Murrumbidgee sind heute weite Gebiete durch künstliche Bewässerung für den Anbau von Reis, Zitrusfrüchten u. a. subtropischen Anbauprodukten nutzbar gemacht worden. Durch diese künstliche Ausdehnung des bewässerten Gebietes hat auch der Schildsittich in jüngerer Zeit sein Wohngebiet vergrößern können. Auch an anderen Stellen hat er sich im Verlauf der letzten Jahre weiter ausgedehnt und wurde ausnahmsweise im Norden von Victoria beobachtet. Diese Tatsache muß uns noch einen Augenblick beschäftigen. Sie zeigt, wie der Mensch ganz unwillkürlich zur Rettung einer Tierart beitragen kann, die ohne ihn in nicht zu ferner Zeit wahrscheinlich aussterben würde. Ursprünglich hatte der Schildsittich ein wesentlich größeres Verbreitungsgebiet als heute. Da er jedoch an hohen Baumbestand gebunden ist, wurde er mit der zunehmenden Austrocknung des australischen Kontinents mehr und mehr in die unmittelbare Nähe der Flüsse zurückgedrängt, wo sich als letzter Rest der ehemals großen Waldgebiete noch ein kleiner Galeriewaldstreifen erhalten hat. Würde dieser Prozeß andauern, dann wäre sein Verbreitungsgebiet eines Tages so stark zusammengeschrumpft und seine Individuenzahl so klein geworden, daß er als Art nicht mehr fortbestehen könnte. Diese Entwicklung hat sich mit der Besiedlung Australiens durch Europäer geändert. Der Murrumbidgee wurde stellenweise aufgestaut, und weite Gebiete wurden künstlich bewässert. In wenigen Jahren wird sich auch die Wasserführung dieses Flußsystems erhöhen, sobald der Snowy River im ostaustralischen Randgebirge nach Westen umgeleitet sein wird. Es ist daher anzunehmen, daß sich auch der Lebensraum des Schildsittichs wieder ausdehnen und sein Bestand allmählich wieder zunehmen wird.

Stellenweise hat sich der Schildsittich eng an den Menschen angeschlossen; er sucht in den Farmgärten nach Nahrung und kommt gelegentlich bis in die Vororte von Canberra. In der kleinen Stadt Griffith, in der Zone der künstlichen Bewässerung, gelangen umherstreifende Tiere im Frühling sogar bis in das Stadtzentrum.

Schildsittiche bilden ganzjährig kleine Gruppen von 8 bis 10 Tieren, die ihre Bindung auch zur Brutzeit nicht aufgeben. Größere Schwärme sind dagegen selten und kommen nur gelegentlich außerhalb der Brutzeit vor. Die größte Gruppe von Schildsittichen, die man beobachtet hat, zählte etwa 100 Tiere, doch gehören schon Ansammlungen von mehr als 30 dieser Sittiche zu den großen Seltenheiten. – Tagsüber halten sich die Tiere vornehmlich in den höchsten Spitzen der Eukalyptusbäume auf. Am Morgen und am späten Nachmittag kommen sie zur Nahrungssuche auf den Boden. Im Gegensatz zum Strohsittich, der während des ganzen Tages etwa stündlich zur Tränke kommt, trinkt der Schildsittich nur je einmal am Morgen und am Abend. Zum Trinken und Baden bevorzugt er flache Sandbänke am Ufer des Flusses. – Der Flug ist reißend und ohne Bogenform. Er erinnert an das Flugbild von Berg- und Nymphensittich.

Seine Nahrung sucht der Schildsittich fast ausschließlich am Boden. Sie besteht in erster Linie aus Samen, doch nimmt er im Frühjahr und Sommer auch größere Mengen von Blütennektar (namentlich *Eucalyptus cladocalyx)* auf. Vielleicht erbeutet er dabei auch Blüteninsekten. Frith u. Calaby (1953) notierten für den Schildsittich folgende Nahrungspflanzen: verschiedene Gräser *(Hordeum murinum*, *Stipa* spec., *Danthonia* spec.), Brennessel *(Urtica urens)*, Disteln *(Sonchus oleraceus)*, Hirtentäschelkraut *(Capsella bursapastoris)*, Storchschnabel (*Erodium* spec.) und Luzerne (*Medicago* spec.). Im Sommer fressen die Tiere außerdem große Mengen von Weizenkörnern.

Die Brutzeit fällt in die Monate September bis November. Schildsittiche brüten in den höchsten Spitzen hoher Eukalyptusbäume. Besonders beliebt sind Höhlen in großen Querästen unmittelbar über dem Wasser. Für den Menschen sind diese Höhlen völlig unerreichbar, und daher ist über die Brutbiologie so gut wie nichts bekannt.

Das Gelege besteht aus 4 bis 6 Eiern. Im Gegensatz zu anderen Sittichen bilden die Männchen auch zur Brutzeit kleine Gruppen, die sie mehrmals am Tage verlassen, um das brütende Weibchen zu füttern (Frith u. Calaby 1953).

Im deutschen und englischen Sprachgebrauch wurde dieser Sittich zu Ehren des französischen Malers M. Barraband benannt, während sein wissenschaftlicher Name nach dem Zoologen Swainson gewählt wurde, der ihn erstmals beschrieben hat.

Der Schildsittich wurde 1867 nach London gebracht und 1900 erstmals in England gezüchtet. Er ist ein angenehmer und anspruchsloser Volierenvogel, wird allerdings niemals so zahm wie der Blaukappensittich. Sein Ruf ist laut und durchdringend. Schildsittiche haben ein ausgezeichnetes Spöttertalent. Sie ahmen die Rufe anderer Sittiche nach, und einzeln gehaltene Jungvögel lernen, einige Worte zu sprechen oder kurze Melodien nachzupfeifen.

14.3. *Polytelis alexandrae* (Gould)

Blaukappensittich, Alexandrasittich, Princess of Wales-Sittich
Engl. Alexandra Parrot, Princess of Wales Parrot, Rose-throated Parrot

Verbreitung: Inneres Australien vom südlichen Nordterritorium zum nördlichen Südaustralien und zum östlichen Westaustralien.

Der Blaukappensittich ist ein Bewohner der trockenen Steppen- und Halbwüstengebiete im Zentrum Australiens. Er kommt dort nur in einem einzigen Lebensraum vor, in den Spinifexgebieten, die mit verschiedenen Arten des harten und trockenen Stachelschweingrases (Gattung *Triodia)* bestanden sind. Innerhalb dieser Gebiete bevorzugt er die Nähe periodischer Wasserläufe (Creeks), deren hohe Uferbäume ihm geeignete Nistmöglichkeiten bieten (Abb. 30).

Der Blaukappensittich zeichnet sich durch zwei Eigenschaften aus, die für viele Vogelarten Zentralaustraliens charakteristisch sind: zum einen ist seine Verbreitung ausgesprochen fleckenhaft, da er innerhalb seines gewaltigen Wohngebietes auf diejenigen Stellen beschränkt ist, wo er Wasserstellen und Nisthöhlen finden kann. Zum anderen lebt er nomadisch und kann ein Gebiet bei Dürreperioden oder schlechten Lebensbedingungen plötzlich völlig verlassen. Ebenso plötzlich taucht er dann in einer anderen Gegend auf, in der er vorher für Jahre oder Jahrzehnte nicht mehr beobachtet worden war. Das gleiche Verhalten ist von Wellen-, Nymphen-, Bourke- und Nachtsittich bekannt. Aus diesem Grund ist es schwer, die Häufigkeit dieses Sittichs abzuschätzen. Er schließt sich niemals zu großen Schwärmen zusammen und scheint nirgends sehr häufig zu sein. Gerade die Heimat des Blaukappensittichs ist aber von allen Teilen Australiens bis heute am dünnsten besiedelt und am wenigsten durchforscht. Außerdem lebt dieser Sittich sehr heimlich und versteckt und wird leicht übersehen. Es ist daher möglich, daß sein Gesamtbestand doch noch relativ hoch ist. Die Nähe des Menschen scheint er im allgemeinen zu meiden, doch konnten im Mai 1960 einige Tiere in unmittelbarer Nähe der Missionsstation Hermannsburg beobachtet werden (Immelmann, eig. Beob.).

Infolge seiner nomadischen Lebensweise zeigt der Blaukappensittich keine Unterartenbildung, verhält sich also ähnlich wie Wellen- und Nymphensittich. Allerdings scheint die individuelle Variabilität in der Gefiederfärbung relativ groß zu sein.

Der Blaukappensittich wurde erst 1862 als letzte der drei *Polytelis*-Arten entdeckt. Eine Expedition unter der Leitung von John McDouall Stuart hat 1860 zum erstenmal versucht, den australischen Kontinent von Süden nach Norden zu durchqueren. Sie scheiterte an Wasser- und Lebensmittelmangel und an den Angriffen der Ureinwohner. Die Gruppe gelangte nur bis zu der Stelle, wo sich heute die Stadt Alice Springs, die größte Siedlung im „toten Herzen" Australiens, befindet. Auch die zweite Expedition wurde keine 200 km weiter nördlich zum Umkehren gezwungen, und erst der dritte Versuch war schließlich von Erfolg gekrönt. Auf dieser dritten Expedition sah der Ornithologe Frederik Waterhouse, nach dem heute die Waterhouse Range in Zentralaustralien benannt ist, zum erstenmal einen Schwarm von Blaukappensittichen und konnte 2 Vögel erlegen. Nach diesen Bälgen hat John Gould die Art 1883 beschrieben und nach der Prinzessin Alexandra benannt, einer Tochter des dänischen Königs, die später durch Heirat zur Prinzessin von Wales wurde. Danach wurde der Blaukappensittich erst 1894 von Mitgliedern der berühmten Home-Expedition wieder gesehen, die am Petermann Creek südöstlich vom heutigen Hermannsburg 2 Individuen beobachteten. Auch seither ist dieser Sittich immer nur vereinzelt nachgewiesen worden.

Der Blaukappensittich führt ein durchaus heimliches Leben. Er hält sich fast ausschließlich am Boden auf, wo er zwischen den Büscheln des Spinifexgrases nach Nahrung sucht. Bei Gefahr bringt er sich zuerst laufend in Sicherheit und fliegt erst im letzten Augenblick auf. Er fliegt stets dicht über dem Erdboden. Sein Flug ist nicht so reißend wie bei den anderen *Polytelis*-Arten. Kurz vor der Landung ist er schmetterlingsartig flatternd. Der laute und unmelodische Lockruf ist in Freiheit nur selten zu hören. Dafür lassen Paare und Gruppen ein ständiges Zwitschern hören, sobald sie in einem Baum oder Strauch aufgebaumt sind. Am Boden sind sie stumm.

Die Nahrung besteht fast ausschließlich aus den Samen des Spinifexgrases. Der Blaukappensittich gehört damit zu den wenigen Vogelarten Zentralaustraliens, die dieses stachlige Gras als Nahrungsquelle auszunutzen vermögen. – Als Nistplatz nimmt er – im Gegensatz zum Nachtsittich – die Spinifexbüschel allerdings nicht an, sondern brütet in Astlöchern und hohlen Baumstümpfen. Bevorzugte Nistplätze sind die hohen Eukalyptusbäume *(Eucalyptus camaldulensis)* am Ufer der Creeks, doch brütet er auch in den sogenannten „Wüsteneichen" *(Casuarina decaisneana)* in Sanddünenlandschaften. Das Gelege besteht aus 4 bis 6 Eiern. Eigröße 23 × 28 mm (Serventy u. Whittell 1976). Der Blaukappensittich hat – wie nahezu alle Vögel Zentralaustraliens – keine feste Brutzeit. Er kann in jedem Monat des Jahres mit der Brut beginnen, sobald sporadische Regenfälle das Stachelschweingras zur Blüte gebracht haben, so daß genügend halbreife und reife Samen für die Aufzucht der Jungen zur Verfügung stehen. – Zur Brut schließen sich gern mehrere Paare zu einer kleinen Kolonie zusammen, eine Erscheinung, die ebenfalls bei sehr vielen Vogelarten Inneraustraliens verbreitet ist. Sie dient vermutlich der gegenseitigen Stimulation der Brutpaare.

Bei der Balz verengt sich die Pupille des Männchens, so daß die leuchtend rote Iris stärker sichtbar wird. Beim Balzruf wirft das Männchen den Kopf auf und streckt den ganzen Körper deutlich in die Länge. Zusätzlich können die Stirnfedern zu einer kleinen Haube aufgestellt werden (Vogels, eig. Beob.).

Der Blaukappensittich kam erst 1895 zum erstenmal nach London. Er ist gegenüber tiefen Temperaturen relativ unempfindlich, sofern sie nur wenige Stunden oder Tage anhalten. Bei langen Kälteperioden kommt es dagegen sehr rasch zu schweren Schädigungen. Die Fütterung entspricht der der Plattschweifsittiche, doch braucht der Blaukappensittich besonders viel Grünfutter.

Blaukappensittiche sind angenehme Volierenvögel. Sie sind absolut verträglich und werden – im Gegensatz zu den meisten Plattschweifsittichen – sehr rasch zahm. Auch zur Brutzeit bleiben sie zutraulich. Lediglich der laute unmelodische Ruf, der in Menschenobhut im Gegensatz zum Freileben mit einer erstaunlichen Ausdauer vorgetragen wird, kann vielfach sehr lästig werden.

15. Literaturverzeichnis

Beddard, F. E. (1898): The structure and classification of birds. London; Boehm, E. F. (1959): Parrots and Cockatoos of the Mount Mary Plains, South Australia. - Emu 59: 83–87; Boetticher, H. von (1943): Gedanken über die systematische Stellung einiger Papageien. - Zool. Anz. 143: 191–200; dgl. (1964): Papageien. 3. Aufl. - N. Brehm-Büch. 228; Bourke, P. A. (1951): Nesting notes on the Red-backed-Parrot. - Emu 51; Brereton, J. L. u. K. Immelmann (1962): Head-scratching in the Psittaciformes. - Ibis 104: 169–174; dgl. (1963): The life cycles of three Australian parrots: Some comparative and population aspects. - Living Bird 2: 21–29; dgl. (1963): Evolution within the Psittaciformes. - Proc. XIII. Int. Orn. Congr., Ithaca 1962, S. 449–517; dgl., u. R. W. Pidgeon (1966): The language of the Eastern Rosella. - Austral. nat. Hist. 15: 225–229; dgl. (1971): Inter-animal control of space: The role of rank order, parent – offspring relations, and peer play, illustrated by comparative studies of Australian parrots. In: Behaviour and Environment (Hrsg. A. H. Esser). New York, S. 69–97; Bridgewater, A. E. (1934): The food of *Platycercus eximius* and *P. elegans*. - Emu 59: 175–186; Brockway, B. F. (1964): Social influences on reproductive physiology and ethology of Budgerigars *(Melopsittacus undulatus)*. - Animal behav. 12: 493–501; Brown, P., R. Wilson, R. Loyn u. N. Murray (1985): The Orange-bellied Parrot – an RAOU Conservation Statement. RAOU Report No. 14. Royal Australian Ornithologists Union

Cade, T. J, u. J. A. Dybas (1962): Water economy of the Budgerygah. - Auk 79: 345–364; Cain, A. J. (1955): A revision of *Trichoglossus haematodus* and of the Australian platycercine parrots. - Ibis 97: 432–479; Cannon, C. E. (1979): Observations on the behavioural development of young rosellas. - Sunbird 10: 25–32; dgl. (1931): The diet of Eastern and Pale-headed Rosellas. - Emu 81: 101–110; dgl. (1983): Descriptions of Foraging Behaviour of Eastern and Pale-headed Rosellas. - Bird Behaviour 4: 63–70; Cayley, N. (1938): Australian Parrots: Their Habits in the Field and in Aviary. Sydney; Chaffer, N., u. G. Miller (1946): The Tourqouise Parrot near Sydney. - Emu 46: 161–167; Chrisholm, A. H. (1965): Bird Wonders of Australia. 6. Aufl. Sydney; Condon, H. T. (1941): The Australian broad-tailed parrots (subfamily Platycercinae) - Rec. S. Austral. Mus. 7: 117–144; Courtney, J. (1974): Comments on the taxonomic position of the Cockatiel. - Emu 74: 97–102

Dost, H. (1968): Sittiche und andere Papageien. Leipzig

Eastman, W. R., u. A. C. Hunt (1966): The Parrots of Australia. Sydney; Enehjelm, C. af (1957): Das Buch vom Wellensittich. Pfungstadt/Darmstadt; dgl. (1967): Sittiche. Haltung, Zucht, Arten. Stuttgart

Ford, J. (1986): Avian hybridization and allopatry in the region of the Einasleigh Uplands and Burdekin-Lynd Divick, northeastern Queensland. - Emu 86: 87–110; Ford, J. R. (1961):

The increase in abundance of the Bourke Parrot in Western Australia 1930–1960. - ebd. 61: 211–217; Forshaw, J. M. (1962): The Parrots of Australia. 1. The Crimson Rosella. - Avicult. Mag. 68: 98–106; dgl. (1962): 2. The Eastern Rosella. - ebd. 68: 129–136; dgl. (1962): 3. The Red-backed Parrot. - ebd. 68: 199–208; dgl. (1963): 4. The Blue-bonnet. - ebd. 69: 71–79; dgl. (1963): 6. The Malle Ringneck Parrot. - ebd. 69: 240–249; dgl. (1964): 7. The Port Lincoln. - ebd. 70: 59–68; dgl. (1964): 8. The Mulga Parrot. - ebd. 70: 136–145; dgl. (1964): 9. The Red-capped Parrot. - ebd. 70: 201–211; dgl., u. W. T. Cooper (1978): Parrots of the world. 2. Aufl. Melbourne; dgl. (1981): Summary of the status of endangered Australian Parrots. In: Conservation of New World Parrots, S. 445–459 (Hrsg. R. F. Pasquier), International council for bird preservation technical publication Nr. 1; dgl., u. W. T. Cooper (1981): Australian Parrots. 2. Aufl. Melbourne; Frith, H. J. (1952): A record of the Tourqouise Parrot. - Emu 52: 99–101; dgl., u. S. J. J. F. Davies (1961): Breeding seasons of birds in subcoastal Northern Territory. - ebd. 61: 97–111; dgl. (1976) (Hrsg.): Reader's Digest Complete Book of Australian Birds. Sydney

Giblin, W. W., u. A. W. Swindells (1927): Field notes on the Blue-winged Parrot. - Emu 27: 5–13; Greenway, J. C. (1958): Extinct and Vanishing Birds of the World. New York; Groen, H. D. (1963): Australische Sittiche. Groningen; Güntert, M., u. V. Ziswiler (1972): Konvergenzen in der Struktur von Zunge und Verdauungstrakt nektarfressender Papageien. - Rev. Suisse Zool. 79: S. 1016–1026; dgl. (1981): Morphologische Untersuchungen zur adaptiven Radiation des Verdauungstraktes bei Papageien (Psittaci). - Zool. Jb. Anat. 106: 471–526

Hampe, H. (1937): Zur Biologie des Rosellasittichs, *Platycercus eximius.* - J. Orn. 85: 175–186; dgl. (1938): Zur Biologie des Singsittichs, *Psephotus haematonotus* (Gould). - ebd. 86: 330–344; dgl. (1938): Zur Biologie des Blaßkopfrosellas, *Platycercus adscitus.* - ebd. 86: 529–543; dgl. (1939): Zur Biologie des Bourkesittichs, *Neophema bourkii.* - ebd. 87: 554–567; dgl. (1940): Beobachtungen bei Schmuck- und Feinsittichen, *Neophema elegans* und *chrysostomus* - ebd. 88: 587–599; dgl. (1941): Zur Biologie des Vielfarbensittichs, *Psephotus varius.* - ebd. 89: 404–416; dgl. (1942): Zur Biologie des Stanleysittichs, *Platycercus icterotis.* - ebd. 90: 361–375; Hindwood, K. A., u. A. R. McGill (1958): The Birds of Sydney (Country of Cumberland). Sydney: Royal Zoological Society of New South Wales; dgl., u. M. Sharland (1964): The Swift Parrot. - Emu 63: 310–326; Hinsby, K. B. (1947): The Orange-bellied Parakeet. - ebd. 47: 67–68; Hobbs, J. N. (1958): Hybrid between Yellow and Crimson Rosellas. - Emu 58: 418–419; Holyoak, D. T. (1972): The relation of *Nymphicus* to the Cacatuinae. - ebd. 72: 77–78; dgl. (1973): Comments on taxonomy and relationship in the parrot subfamilies Nestorinae, Loriinae and Platycercinae. - ebd. 73: 157–176; dgl. (1974): *Cyanoramphus malherbi,* is it a colour morph of *C. auriceps?* - Bull. Brit. Orn. Cl. 94: 145–150; Homberger, D. G. (1980): Funktionell-morphologische Untersuchungen zur Radiation der Ernährungs- und Trinkmethoden der Papageien (Psittaci). - Bonn. zool. Monograph. 13: 1–192

Immelmann, K. (1983): Die Vogelwelt Australiens. 2. Aufl. Stuttgart

Keast, A. (1961): Bird specification on the Australian continent. - Bull. Mus. comp. Zool. Harv. 123: 305–495

Lea, A. M., u. J. T. Gray (1935): The food of Australian birds, an analysis of stomach contents. - Emu 34 u. 35: S. 275–92 u. 63–98; Lendon, A. (1968): The distribution of the Australian Psittacines. - S. Austral. Orn. 25: 3–17; dgl. (1973): Australian parrots in field and aviary. Sydney; Long, J. L. (1984): The diets of three species of parrots in the south Western Australia. - Aust. Wildl. Res. 11: 357–371; Loyn, R. H., B. A. Lane, C. Chandler u. G. W. Carr (1986): Ecology of Orange-bellied Parrots *Neophema chrysogaster* at their main remnant wintering site. - Emu 86: 195–206

MacColl, W. S. (1957): Observations on parrots in Tasmania. - Emu 57: 201–205; MacGillivray, W. (1914): Notes on some north Qeensland birds. - ebd. 13: 132–186; Magrath, R. D., u. A. Lill (1985): Age-related differences in behaviour and ecology of Crimson Rosellas, *Platycercus elegans*, during the non-breeding season. - Aust. Wildl. Res. 12: 299–306; Mathews, G. M. (1916–17): The Birds of Australia, Bd. 6. London; dgl. (1927): Systema avium Australasianarum. British Ornithologist's Union; Mayr, E., u. D. Amadon (1951): A classification of recent birds. Amer. Mus. Novit. 1496: 1–42; McGill, A. R. (1960): Parrots of the genus *Neophema* in New South Wales. - Emu 60: 39–46; McGilp, J. N. (1931): *Geopsittacus occidentalis*, Night Parrot. - S. Austral. Orn. 11: 68–70; Mees, G. F. (1961): An annotated catalogue of a collection of birdskins from West Pilbara, Western Australia. - J. Roy. Soc. West. Aust. 44: 97–143; Meredith, C. W. (1984): The Ground Parrot *Pezoporus mallicus* Kerr. RAOU Conservation Statement No. 1. RAOU Report No. 10, Royal Australian Ornithologists Union; Michaelis, H. J. (1964): Der Wellensittich. 5. Aufl. - N. Brehm-Büch. 224; Milledge, D. (1972): The Orange-bellied Parrot in Tasmania. - S. Austral. Orn. 26: 56–58

Neunzig, K. (1921): Fremdländische Stubenvögel. Magdeburg; North, A. J. (1911): Nests and eggs of birds found breeding in Australia and Tasmania, Bd. 3. Aust. Mus. Spec. Cat., no. 1, S. 1–176

Peters, J. L. (1937): Check-List of Birds of the World. Bd. 3. Harvard Univ. Press

Reichenow, A. (1955): Vogelbilder ferner Zonen. Papageien. 2. Aufl. Pfungstadt/Darmstadt; Rensch, B. (1929): Das Problem geographischer Rassenkreise und das Problem der Artbildung. Berlin; dgl. (1933): Zoologische Systematik und Artbildungsproblem. - Verh. Dtsch. Zool. Ges.: 2–83; Renzoni, A., u. P. A. Watters (1972): Comparative observations on the pineal body of some Australian parrots. - Aust. J. Zool. 20: S. 1–15; Rutgers, A. (1968): Handbuch für Zucht und Haltung fremdländischer Vögel. Übers. v. W. u. D. Winkel. Melsungen

Saunders, D. A., G. T. Smith u. N. A. Campbell (1984): Egg shape within the Australian Psittaciformes with comments on eggs of *Nymphicus hollandicus*. - Emu 84: 36–37; Sedgwick, E. H. (1947): Northern Territory birds, Part II. - ebd. 46: 349–378; Serventy, D. L. (1938): The King Parrot of Western Australia - *Purpureicephalus spurius* (Kuhl 1820). - ebd. 37: 170–172; dgl., u. H. M. Whittell (1976): A Handbook of the Birds of Western Australia. 5. Aufl. Perth; Sharland, M. (1958): Tasmanian Birds. 3. Aufl. Sydney; Smith, G. A. (1975): Systematics of parrots. - Ibis 117: 18–67; Smith, M. J., u. J. L. Brereton (1976): Annual gonadal and adrenal cycles in the Eastern Rosella, *Platycercus eximius*, (Psittaciformes: Platycercidae). - Aust. J. Zool. 24: S. 541–556; Stegmann, B. K. (1934): Über die Formen der großen Möwen („subgenus *Larus*") und ihre gegenseitigen Beziehungen. - J. Orn. 82: 340–380; Steiner, H. (1932): Vererbungsstudien am Wellensittich, *Melopsittacus undulatus* (Shaw). - Arch. Jul. Klaus-Stiftg. 7: 37–202; dgl. (1950): Die Mutation „Opal" beim Wellensittich, *Melopsittacus undulatus* (Shaw), ein mutmaßlicher Fall iterativer oder paralleler Entwicklung innerhalb des Formenkreises der Plattschweifsittiche (Platycercidae). - ebd. 25: 488–496; Storr, G. M. (1980): Birds of the Kimberly Division of Western Australia. - Spec. Publ. W. Austral. Mus. 11; Stresemann, E., u. N. W. Timoféeff-Ressovsky (1947): Artentstehung in geographischen Formenkreisen. I Der Formenkreis *Larus argentatus-cachinanns-fuscus*. - Biol. Zbl. 66: 57–76

Taylor, R. H. (1975): Some ideas on speciation in New Zealand parakeets. - Notornis 22: 110–121; dgl. (1985): Status, habits and conservation of *Cyanoramphus* parakeets in the New Zealand region. In: Conservation of island birds. S. 195–211 (Hrsg. P. J. Moors). Cambridge; dgl. (1985): Antipodes Island Parakeet. In: Reader's Digest complete book of New Zealand birds. S. 250 (Hrsg. C. J. R. Robertson). Sydney; dgl., E. G. Heatherbell, u. E. M. Heatherbell (1986): The Orange-fronted Parakeet *(Cyanoramphus malherbi)* is a colour morph of the Yellow-crowned Parakeet *(C. auriceps)*. - Notornis 33: 17–22; Thompson, D. W. (1899): On characteristic points in the cranial osteology of the parrots. - Proc. Zool. Soc. London, S. 9–46; Ticehurst, C. B. A. (1938): A systematic review of the genus *Phylloscopus*. London (Brit. Mus.)

Walter, H. (1973): Die Vegetation der Erde. Bd. 1. 3. Aufl. Stuttgart; Weaver, C. M. (1982): Breeding habitats and Status of the Goldenshouldered Parrot *Psephotus chrysopterygius*, in Queensland. - Emu 82: 2–6; dgl. (1987): A Comparison of temperatures recorded in nest chambers excavated in termite mounds by the Gouldenshouldered Parrot. - ebd. 87: 57–59; Wolters, H. E. (1975–1982): Die Vogelarten der Erde. Hamburg; Wyndham, E. (1980): Diurnal cycle, behaviour and social organization of the Budgerigar *Melopsittacus undulatus*. - Emu 80: 25–33; dgl. (1983): Movements and breeding seasons of the Budgerigar. - ebd. 82: 276–282

16. Register

(Die mit * bezeichneten Seitenzahlen beziehen sich auf die Verbreitungskarten und Abbildungen.)